微生物ハンター、深海を行く

高井 研

イースト・プレス

もくじ

第1話

実録！
有人潜水艇による
深海熱水調査の真実

2009年10月27日、AM6:30。目の前には、インド洋の青い海が広がっている。ボクはこれから、「しんかい6500」で水深2600mの海底へと潜り、まだ見ぬ深海熱水域で未知の生物を発見する予定である。しかし、海が荒れていてなかなか潜航許可が下りない……果たして潜航できるのか!?

2009年10月27日　AM6:30　インド洋上　その1

ワタクシ高井研が働く海洋研究開発機構（通称ＪＡＭＳＴＥＣ《ジャムステック》）は、独立行政法人という組織なのですが、まあ、平たく言えば国の研究機関です。しかし、そのお堅い名前のせいかどうかわからないけれど、一般の人々にはあまり知られていないようです。

むしろＪＡＭＳＴＥＣは、「しんかい６５００」（日本が誇る世界一深く潜れる有人潜水艇……というのが謳い文句でしたが、２０１２年6月にその座から陥落）とか、「地球シミュレーター」（昔は世界最速の演算速度を誇ったスパコン）とか、最近では「ちきゅう」（とにかくでかいことはいいことだと言いたくなる巨大科学掘削船）とか、モノの名前を挙げたほうが、「あぁ、あのっ！」と言ってもらえることが多かったりします。働いている者からすれば、ちょっと悲しい現実を突きつけられる研究所なわけです。

しかし、このジミ目なＪＡＭＳＴＥＣ、世界の海を股にかけて活動し成果を上げている海洋研究所なんです。海だけでなく大気や海の下にある地殻やマントル、地球のあらゆる場所に生息する生物・生命現象を包括的に理解するぜ！　という壮大な目標をもって日々

左／兵《つわもの》どもが夢の跡。かつては世界最速を誇った地球シミュレーター。とはいえ、いまでも研究に大活躍しているらしいぞ　右／いつの間にやら国家資本と化してしまったJAMSTECの誇る「チョー使える巨大科学掘削船」ちきゅう（提供：ともにJAMSTEC）

研究を行っております。

ワタクシは、そんなＪＡＭＳＴＥＣで、深海や海底下といった太陽の光も届かない暗黒の世界に生きる生物、特に微生物の営みを研究しています。すこしかっこよく言うと「暗黒の生態系」って感じですが、実はこの暗黒の生態系を調べることによって、この地球に生命はどのように誕生したのかという謎や、初期の生物が地球の至るところに拡がっていった過程、暗黒の世界から光り輝く世界に進出できた理由などが、「そりゃもうはっきりわかる……はず」と豪語しています。

生命は約40億年前の地球、地熱で熱せられた水が噴出する深海熱水噴出孔周辺で誕生し、深海底をモゾモゾと拡がってゆき、暗黒の世界で地球規模の進出を果たしたはずなのです（とワタクシは主張しています）。そして約35億年前から30億年前にかけて、深海底で暗黒のエネルギー（宇宙のダーク・エネルギーと勘違いして思わず興味を持つアワテモノ狙いの大言壮語的な表現ですが、本当は熱水に含まれる単なる還元性の化学物質のことです）によってしか生きられなかった連中が、とあるキッカケで太陽の光が溢れる海洋表層に巻き散らかされたとき、彼らが備えていた熱（赤外線）を感知するシステムが誤作動を起こして、「うわっ、ナニ、ちょ、なんかエネルギー漲る！」みたいな感じで見事光合成できるようになったのだ、とワタクシ、妄想をギンギンに膨らませているのです。けれど、そういった地球生命の劇的な進化が起きた場所やその痕跡は、現在の地球ではもはや深海の熱水域周辺の環境や微生物（しかも原始的な性質を残した崇高なる微生物）にわずかに残されているのみなのです。それがワタクシが暗黒の生態系を調べている理由のひとつです。

さらに、こういう暗黒の世界の生命現象を調べることは、地球以外の天体で地球外生命を探すことにもつながるんですが、まあそれはおいおい書いていくことにしましょう。

この本では、ワタクシ高井研がその4畳半的な青春（実際に、大学&大学院生時代は4畳半の部屋に下宿してましたよ）を賭けて、苦しくも楽しく歩んできた研究生活を振り返り、「おー、研究に青春を賭けるのもいいか・も・ね」と思ってもらえるような物語を綴ってみたいと画策しています。

第1話ではまず名刺がわりに、「ＪＡＭＳＴＥＣで働いている幸せ」を忘れかけてきたらワタクシが思い出すようにしている海洋調査——それも有人潜水艇しんかい６５００で深海熱水域を探査したときの模様を紹介してみたいと思います。

さあ、みなさんも、澄みきった藍色の海が３６０。眼前に広がり、南半球の初夏の太陽が照りつける光り輝くインド洋上で、しんかい６５００の母船である研究調査船「よこすか」に大勢の研究者や技術者とともに乗船している……そんな状況を想像してみて下さい。どうですか？　イメージが思い浮かびましたか？

ではこれから、２００９年の10月27日に行われたしんかい６５００の潜航調査を偽りなく再現してみましょう。

＊
＊
＊

朝６時半、緊張感とともに目覚める。今日は、しんかい６５００の潜航日だ。しかも、この１ヶ月間に及ぶ航海で残された最後の潜航のチャンスでもある。

昨夜８時ごろ、ボクは今回の潜航のパイロットを務めるヤナギタニさんとコパイロット（副操縦士）のイイジマさんと普段よりも綿密な打ち合わせをした。しんかい６５００には、パイロットとコパイロット、そして研究者の３人しか乗れないので、組み合わせが決まると、その３人でじっくり潜航計画の打ち合わせをする。今日潜航できさえすれば、インド洋で4番目となる深海熱水域が発見されるに違いないという、めちゃくちゃ大事な日なのだ。

7時、キャビン（乗船室）のあるフロアから2階上にあるブリッジ（操船を行う場所）に行く。潜航日には、このよこすかのブリッジでキャプテン（よこすかの船長＝船で一番エラい）としんかい６５００の司令（運航に関わる責任者）が、海況を見ながら潜航するかしないかを判断するのだ。

「おはようございまーす」

挨拶とともに、ボクは瞬時に場の雰囲気を探る。潜航できる日の朝は、キャプテンと司令から明るい返事が返ってくるが、ダメなときは……返事の声色で、その日の海況がわかってしまうのだ。うーむ、今日はまずいみたい。そういうときは場を明るくするため「ボクチン潜りたいニャー♥」とか言ってみると、事態が好転するときもあるが、一転、悪化することも多いので注意が必要である。特に今回のキャプテン・おとこリョーノさんは和歌山は太地《たいじ》（クジラ漁で有名）出身の強面《こわもて》船乗りだし、司令・サクライさんは極真空手の黒帯だし……カワイコブリッ子はたまにしか通用しない。

「うーん、まずいね。タカイさん。いまは判断できないわ。もうちょっと待ちましょう」

というキャプテンの言葉に、ボクはスゴスゴとキャビンへと引き返す。去り際に「今日潜れたら、見つかった熱水域に〝しんかいフィールド〟っていう名前をつけようと思ってるんですよねー。ああ、〝しんかいフィールド〟って有名になるでしょうねぇー。間違いなく！いやはや」と未練がましく言ってみる。

案の定、朝8時を過ぎても潜航決定の断は下されなかった。いつもならば、8時過ぎには船の食事を準備する司厨から、しんかい6500のオペレーションチーム部屋に「今日のお弁当デース」といってサンドイッチセットが3人前届けられる。そしてそれが届いてから、パイロットとコパイロットと潜航担当の研究者（今日の場合はボク）が、潜航調査の確認作業を行うのだ。その途中、船内放送で「スイマー、スタンバイ！スイマー、スタンバイ！」のアナウンスが流れる。これで、100%潜航調査が行われることが確定する。普段ならば……。今日はサンドイッチセットもまだ届かない。

ちなみに、潜航研究者以外の研究者

なかなか潜航の決定が下りず、放心状態のワタクシ高井研（撮影：淡路俊作）

たちはこのあいだに何をしているかというと、しんかい6500に取りつけられた様々な研究装置や機器の最終確認——今日は、熱水採水器2種のポンプやバルブの動作確認や、生物採取用吸い込み装置に保冷剤を入れたり冷たい真水を入れたり——などを行うため甲板に置かれたしんかい6500の周りにたむろしている。

今日はなかなか潜航が決定しないので、みんな落ち着かない様子で、「まだ潜航決定しないんですかね」「うーんどうなってんだろね」などと話しながら、ヤキモキしている。ヤキモキが続いていた9時過ぎ、キャプテンと司令が船尾に現れた。海況を確認するためにブリッジからやって来たのだ。

「海が荒れるとなぜ潜航できないのか？」その理由はしんかい6500の着水・揚収作業にある。左の写真に示すように、しんかい6500は、よこすか船尾にある「A」のような形をしているAフレームにぶっとい綱とクレーンを使って吊り上げられ、甲板から船尾へと運ばれる。そのまま、綱を海へと垂らしていき、「ポチャン」と海水に浸けられる。そのあと、ゴムボートに乗った2人のダイバーが、しんかい6500の近くで海に飛び込み、泳いでしんかい6500の背中に乗っかる。

続いて、ぶっとい綱をしんかい6500から切り離す作

Aフレームに吊り上げられ、海水へと導かれる我らがしんかい6500（撮影：淡路俊作）

業を行うのだが、海が荒れていると、重量何トンもあろうぶっとい綱が、ユーラユーラしてものすごく危ない。よこすかの甲板から見ているボクらでも「怖っ」と思うぐらいなので、作業しているダイバーはもっと怖いに違いない。この作業が終わったあと、ダイバーはよこすかとしんかい６５００をつないでいた最後の引き綱のフックを外して、ゴムボートに戻る。これが、しんかい６５００が潜航するために生身の人間が世話を焼かなければならない部分なのだ。

しんかい6500の背中に飛び乗って、ぶっとい綱を外す作業を行うダイバーたち。おや今日は３人いるぞ!!　１人は訓練の模様です（撮影：淡路俊作）

ちなみに潜航を終えたしんかい６５００を引き上げるときは、これと逆の作業を行わなければならない。むしろ揚収のほうが、やや危険度は高い。しんかい６５００を海中からクレーンで引き上げるとき、船が揺れているとしんかい６５００が、まるで風に舞う木の葉のように舞々するのだ。甲板から見ているボクらが「あれはやばいよ」と思わず「中の人」の身を案じてしまうほど、しんかい６５００は左右に強烈に振り子運動をする。

これらの作業の危険度が上がるため、海況がよくないと潜航中止となる。一旦潜ってしまえばそこは波もない静かな深海なので、どんなに海が荒れていようが、潜航自体にはまったく影響はない。しんかい６５００の誇る「無事故無違反」というのは、この着水・揚収作業の成否に大きく依存しているのだ。

その2 マリンスノーってきれいなんですか？

というわけで、海況がよくなければ、キャプテンも司令もそう簡単に「潜航ＯＫ」とは言ってくれない。

もちろん彼らの最終決断には従うが、ボクら研究者だって最終決断が下されるのをただ指をくわえて待っているわけではないのだ（以下はガッツのある研究者たちの例なので、みんな決してマネしないように）。

船尾で海を見つめながら、ボソボソ話し込むリョーノさんとサクライさんを、10人近くの研究者が一列になって、少し離れた場所からジッと凝視する。そして「モグラセロ、モ

グラセロ、モグラセロ、モグラセロ」と念じながら電波を送る。

背筋に悪寒を感じたのか、リョーノさんとサクライさんがこちらを振り向く。研究者たち、いっせいにさらに険しい顔で念を送る。

あっ。2人がこっちにやって来る。とうとう決断したようだ。

「2時間ぐらいしか潜れないかもしれませんが、いいですか? しかもこれよりちょっとでも海況が悪化したら、いかなる状況でも浮上してもらいますけどいいですか?」

「よっしゃー!」

たとえ2時間といえども、潜れないよりは潜れるほうがいいに決まってる。なんてったって今日は、航海最終日なのだ。中止になればそれでおしまい。「あきらめたらそこで試合終了ですよ」。『スラムダンク』安西先生の名言である。

海況不良のため、「潜れたらどういう調査を行うべきかいなか?」「結局潜れませんでした」「仕方ない。明日は潜れるはず。ドーする?」「あーん。やっぱりダメ」「もうアトがねえぞ! ドーする?」と研究者ミーティングは繰り返された。これが「会議は踊る」というヤツか。みんなお疲れモード(撮影:淡路俊作)

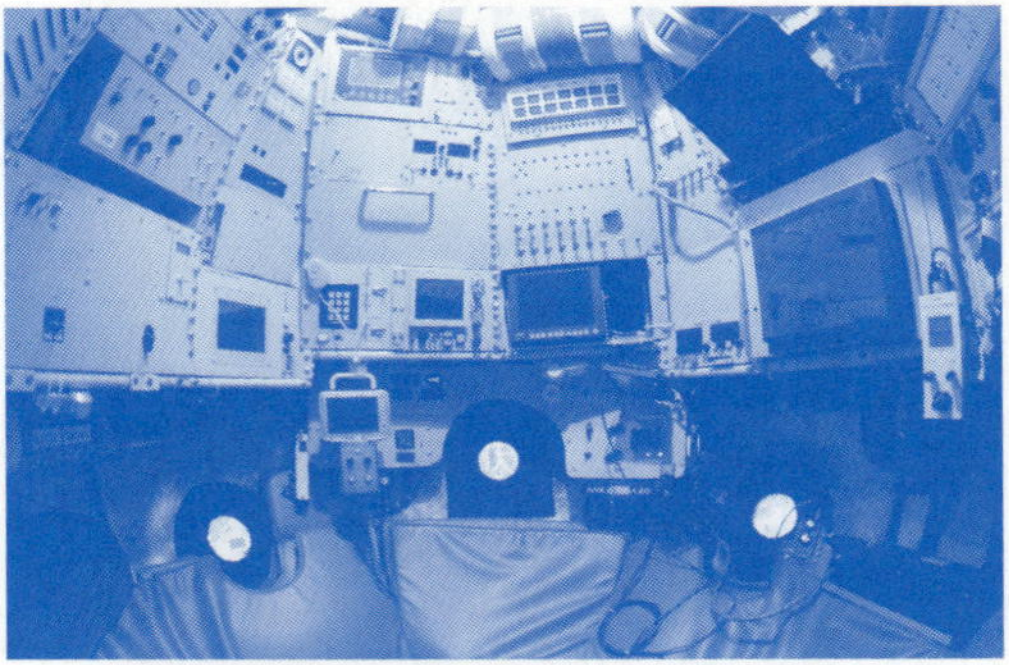

しんかい6500のコックピット。直径２mの球体に３人が乗り込む（提供：JAMSTEC）

潜航開始が決まった。

「行くぜ、ヤナギタニさん、イイジマさん！」

ボクらはいそいそと準備し、しんかい６５００のコックピットへと急いだ。よこすかの司厨から、お弁当も届いた。「タカイさんのご要望の和風お弁当セットではなく、通常のサンドイッチで申し訳ないですけど」。おっと、そうだった。図々しくもボクは、「たまにはパンじゃなくてお米がいいニャー♥」などと司厨長さんにお願いしていたのだった。厚かましい男よのぉー。でも、昔はカツ丼までリクエストした強者もいたのだ。もっと言えば、フランスの「ノチール」という有人潜水艇では、潜航調査にもフランス料理のコース料理が持ち込まれ、当然ワインが添えてあると聞いている。なんとまあ、フランス的なんだ。

自分専用のポシェットに、熱水域の地図と、潜航計画を書いたメモ、酔い止めクスリ

（しんかい６５００が海面に浮いているあいだはひどく揺れるので必要なのだ）、そしておやつとして柑橘系の飴と「きのこの山」を突っ込み、コックピットに乗り込む。

コックピット内では、イイジマさんとヤナギタニさんによって、潜航前の準備が速やかに進められていく。

イイジマ（以下、**イ**）「無線機電源スイッチオン確認」

ヤナギタニ（以下、**ヤ**）「はいオン確認」

イ「いち、ふた番主電源ＮＦＢオン？」

ヤ「はい、オン」

イ「通信油圧ＤＳオン？」

ヤ「はい、ＤＳオン」……

この流れるようなやり取りで、潜航前のしんかい６５００の機器のチェックは進んでいく。何度聞いてもカッコいい。ボクは聞き惚れて、見惚れて、ボーッとしている。

そして、しんかい６５００の位置を決めるピンガーという超音波発信器をよこすかのブリッジにある航法管制室と

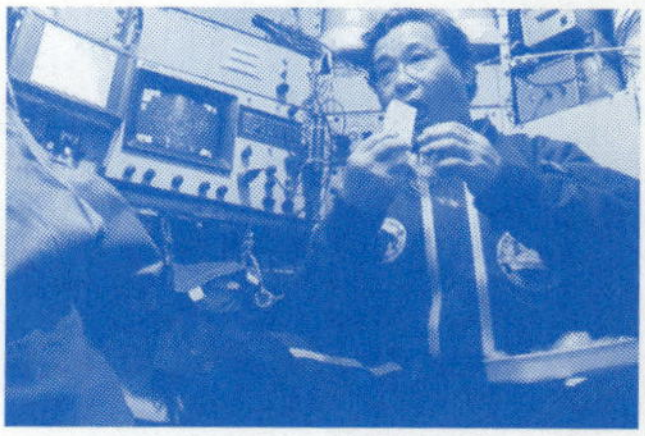

コックピットでサンドイッチを食べるところ。食べているのは極真空手黒帯のしんかい6500司令のサクライさん（提供：JAMSTEC）

同期するため、無線を介してイイジマさんと航法管制士とのあいだで、次のようなやり取りが交わされる。

イ「ピンガー同期、よーい……テッ！」

なんだこの「テッ！」という威勢のいいかけ声は。意味を聞いたことはないけれど、おそらく「用意、射！」という海軍由来のかけ声なんでしょうね。そして、イイジマさんの「内部電源切り替え」の声を合図に、それまでよこすかの発電機とつながっていた電線が切り離された。コックピット内にひんやりとした空気を送っていた冷風パイプ（夏の潜航時、コックピット内は蒸し風呂状態となるのでパイプで涼しい風を送風する）も引き上げられると、ついにコックピットの蓋が閉じられる。

イイジマさんがツルツルに磨かれたチタン殻と蓋の摺り合わせ部にホコリや髪の毛などが付着していないことを最終確認すると、上からずっしりとした厳重な蓋が降ろされ、完全にボクら３人は閉鎖空間の人と化す。あとは、クレーンで吊り上げてもらって海水に着水させてもらうのを待つだけだ。

しばらく経ってチャプンと着水すると、しんかい６５００の観察窓からは、燦々《さんさん》と輝く太陽の光を透過させた海水が織りなす、なんとも言えないコバルトブルーの世界が見えるようになる。

目の前のスクリューがゆっくりと回転し、よこすかが微速前進しながら、しんかい6500の着水作業を進めていることがわかる。そのスローモーションのようなスクリューの動きとよこすかが作り出す白い無数の泡が見えなければ、ボクらがいまどこにいるのかもわからないだろう。窓の外には果てのないコバルトブルーが続いている。

約15分後、イイジマさんの「ベントオープン、潜航開始！」の声とともに体にガクンと落下するような衝撃が走る。そして、ボクらを乗せたしんかい6500は深い深い海へと旅立つ。

潜水が始まると、目の前のコバルトブルーは、ゆっくりその光を失いながら、暗色へと変わっていく。しかし不思議なことに、暗く濃紺に変わっていくのにその透明感はまったく失われない。特に水深50mから100mぐらいの深さの景色に、ボクはとてつもない美しさを感じる。それは徐々に明るさを失ってゆくなかにも、エネルギーに満ち溢れた光の存在をたしかに感じるからだろうか。

よく、「マリンスノーってきれいなんですか？」と聞かれる。マリンスノーとは、深海を漂うプランクトンや微生物の死骸が集まった白い浮遊物や、それに付随した発光性の生物の集合体で、真っ暗な深海では闇夜にしんしんと降る雪のように見えることからこう名づけられた。『海に降る』（朱野帰子著／幻冬舎）というしんかい6500のパイロットを主人公にした小説でも、女性パイロット候補の名前はマリンスノーにちなんだ「深雪」とつけられていて、世間的にはなんだかロマンチックなイメージがあるようだ。しかし実のところ、ボクはマリンスノーを「きれい」と感じたことはない。ひねくれ者だからか。むしろ、35回近い潜航（しんかい２０００としんかい６５００の潜航調査を合計するとそれぐらい潜っているらしい。えー、もうそんなおっさんになったのか……）を通じて、この光が失われてゆく海の光景のほうに強く惹かれる。

アレだね。〝光が失われていく〟50ｍから１００ｍぐらいの深さの海の美しさって、フリーダイバーとして有名なジャック・マイヨールの自伝的映画『グラン・ブルー』（１９８８年）の世界なんだね。「その深さなら、しんかい６５００いらんやん！」と突っ込みを入れられそうだが、でもまあ、あくまで深海底に到着するまでの美しさ・楽しさという意味でだ。それに、ボクらはイルカではないし、ジャック・マイヨールのような超人でもない。しんかい６５００のおかげでその世界が体感できるのだ。

今日の目的地は水深２６００ｍの海底。潜水時間は片道１時間半ぐらいである。直径２ｍのコックピットに男３人組んず解《ほぐ》れつのこの時間は、はやりの女子会ならぬ男子会タイム。コパイロットのイイジマさんはボクと同い年。そしてボクが最初にしんかい６５００でインド洋に潜航調査したときのパイロットでもある。ヤナギタニさんは、その次の年にしんかい6500オペレーションチームに入ってきた新人さんだったっけ。ヤナギタニさんに彼女ができないことなどをイジリながらも、徐々に緊張感を高めてゆく。

ちなみにここでひとつ忘れてはいけないことがある。しんかい6500のコックピットの会話はすべて、船外のカメラ映像とともにバッチリ録音されているということだ。恐るべき管理社会。ときどき、この事実を忘れて、一緒に乗船している研究者の悪態などつくと、それはもうあとで気まずいムードに包まれることになる。もうひとつ、コックピットは男3人なので、ついつい下ネタ解禁になってしまいがちなのだが、女性研究者にビデオでそれを聞かれた日には、もう二度と口をきいてもらえないかもよ。

その3　ぜったい変な未知の生物が見つかるに違いない

とかなんとか言ってるうちに、深度計の数字は水深1500mを示していた。思えば深くまで来たもんだ。いま、チタン殻にヒビが入れば、一瞬でボクらはペシャンコになる。

最初のころは、やはりこの深さに対する恐怖心がすごくあった。コックピットの中に海水が浸水してくるんじゃないかと、とにかくビクビクしていたなあ。最近は「新幹線の中のおっさん」みたいに、あられもない格好で居眠りするぐらいまで慣れたけれど。

ずれた位置を補正するため、着底予定地点にむけて、潜水しながらしんかい６５００がゆっくりと動き始める。このあたりで、ボクたちは今日の潜航調査の作業を再確認する。

まずは一番重要なことから。今日は、この航海で最後の潜航チャンスであり、しかもその時間は極度に短いかもしれない。「インド洋第４の深海熱水活動の特徴」を最低限理解するために必要な試料を、起こる事態に臨機応変に対処しながら、優先順位を決めて悔いを残さないように採取しなければならない。

そのため、深海熱水が噴出している周りにできる煙突状の構造物、チムニー（熱水に溶け込んだ成分が冷やされたり、海水と混ざり合ったりすることによって鉱物が析出し、熱水噴出孔を囲い込むような煙突状の構造ができる）を見つけたら、すぐさまその脇に着底すること。熱水噴出孔にしんかい６５００をベタづけするのは、冬山遭難者救助のヘリコプターの操作と同じように、かなり難しい。

普段であれば、多少時間がかかっても、「何やっとんじゃい、このヘボパイロットが！激辛カレーで顔洗って出直してこいや！」とブラックなボクが出現することなどなく、「落ち着いてゆっくりね♥」とパイロットにもやさしく接することができるのだが、今日は１

秒でも惜しい。それができるだろうか。こういうときこそ、人間の器が試されるというものだ。修羅の顔を見せることなく冷静に事を運べるか、ある意味ボクにとっても修羅場なのである。

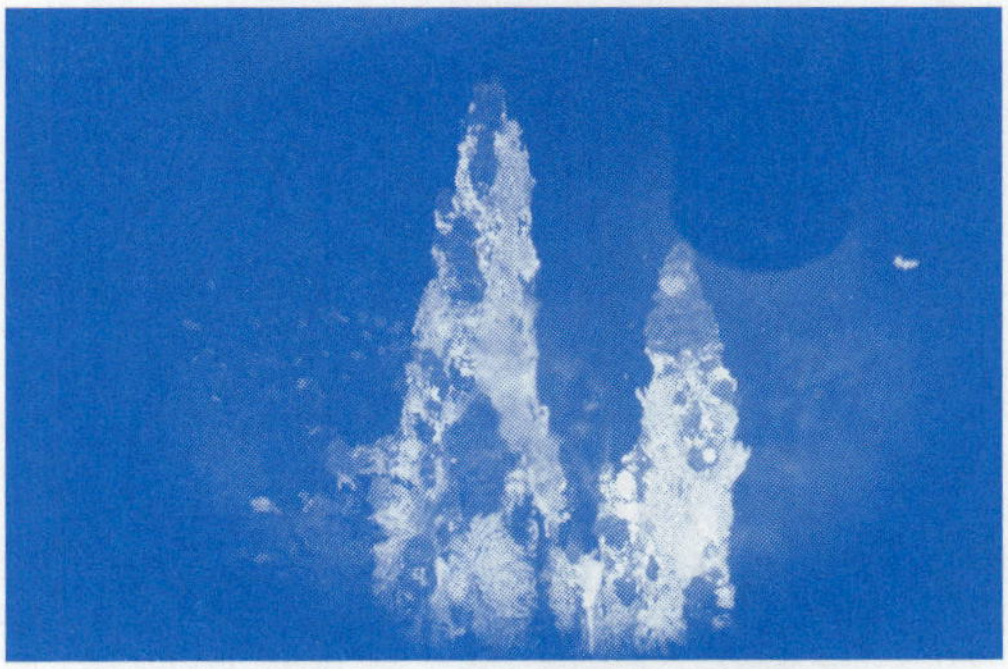

深海の熱水噴出孔、チムニー。この近くに深海の生命が密集している
(提供:高井研)

ともかく、最優先すべき事項は、噴出する熱水をしっかり採取し、温度をしっかり計測すること。これをすることによって、今日これから発見される予定の「インド洋第4の深海熱水活動の特徴」の、かなりの部分を明らかにできるのだ。

次に、チムニーを採取すること。鉄とか銅とか亜鉛とか、チムニーを構成する元素の種類や鉱物を詳しく調べると、熱水活動を引き起こす海底のさらにその下にある、熱水を作り出すメカニズムを知る大きな手がかりになるのだ。

さらにチムニーには、超好熱菌という100℃を超える高温環境でもピチピチ生きている微生物や、水素、硫化水素、メタン、鉄なんかを栄養源にする化学合成微生物が、ミッシリと棲みついている。微生物は、バクテリアとアーキアという2種類が混在しているのだが、この2つはパッと見ではその違いがわからない。しかし細胞成分や膜成分は異生物と言えるほど大きく異なる。

こういう微生物は「極限環境微生物」といって、ボクらヒトと同じ材料や仕組みで生きている生物のくせに、ボクらとはまったく異なる性質を持っている。だから、地球で最初に誕生した生物の生き残りであるかもしれないし、もしかしたら宇宙に飛び出して行った生物であるかもしれないし、はたまた地球の奥深くに悠久の年月潜んでいた地底生物であるかもしれないし、いや、ないかもしれないし……という妄想を掻き立てられる興味深い生物なのだ。

もちろん、そんな正体不明の生き物たちへの純粋な好奇心だけで潜航しているわけではない。これらの生物が持っている分子や彼らが作り出す物質は、「いろいろ役に立って大も

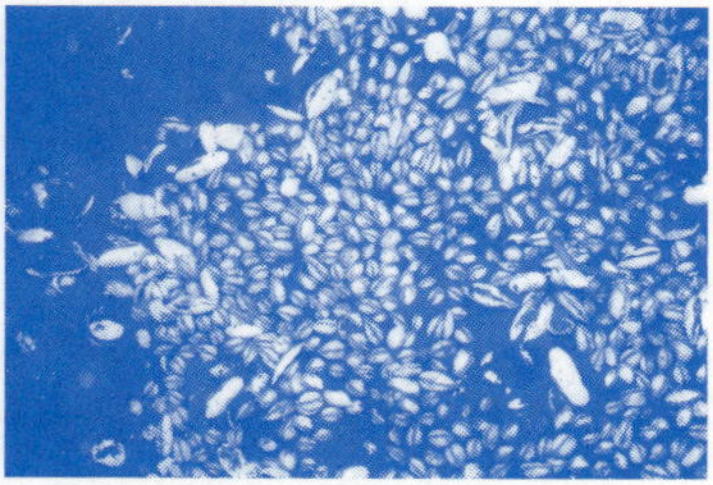

左／チューブワーム　右／シロウリガイ（提供：JAMSTEC）

うけかもしれぬ、おぬしも悪よのぉー、フォッフォッフォ」となる可能性を秘めているかもしれず、そういう有用性に対する興味だってボクにはあるのだ。

そして、チムニーの中に棲む微生物の種類や数やなんかは、これまた深海熱水活動の違いによって変わってくるのだ。

話が長くなってしまったけど、要するにチムニーを採取することもとても大事なのです。

さらにもうひとつの使命として、このインド洋第4の熱水活動域にどのような熱水化学合成生物、つまり微生物のように目に見えない小さな生き物ではなくて、目に見えるサイズの生き物たち（有名どころではチューブワームやシロウリガイのような奇妙な形の生き物）が生息しているかを観察・記録し、できる限り採取するというものがある。

そもそも、なぜボクら日本人研究者が、許可を得てまでこのモーリシャス共和国の排他的経済水域（領海ではなく、漁業や資源開発を主張できる海の範囲のこと）へ新しい深海熱水活動を探しに来たかというと、包み隠さず言えば「この海からはぜったい、未知の変な生物が見つかるに違いない。それを発見するのだ」というめちゃくちゃ単純かつ楽観的な見通しがあったからだ。

実際、2001年には、インド洋で見つかった最初の熱水活動域「かいれいフィールド」には、「スケーリーフット」と呼ばれる、「ドラゴン・クエスト」や「モンスター・ハンタ

スケーリーフット。ウロコフネタマガイとも呼ばれる。2001年にインド洋の深海で採集された、硫化鉄の鱗を鎧のように身にまとった巻貝である（提供：新江ノ島水族館／JAMSTEC）

ー」などのコンピューターゲームでしか見かけることのない、空想上の生物みたいな珍種が実在していることがわかり、世界的に大きな話題・ネタになった。

「そんなの科学者の高度な知識でも技術でもなんでもなくて、冒険していたらたまたま見つけただけじゃないか」。そう言われれば返す言葉もない。

でも、「まだ見ぬ深海の、暗黒の熱水活動域には、人類が出会ったことのない生物がひっそりと生きているに違いない。そしてそれを最初に発見したい」と想う気持ちは、人間の根源的な好奇心そのものなんだと思う。だからボクは「その想いで研究したらダメなんですか？」とまるで元水着モデル大臣的なセリフを口走ってしまう。

その想いって、実は、多くの人にすごく共感してもらえるんじゃないかと思うんです。実際は、いろいろ小難しく理由づけをするけれども、でもやっぱりその想いこそがボクらを研究に駆り立てる一番の原動力なのである。

だからボクは、こうしてしんかい６５００に乗って、いまかいまかと海底に到着するのをドキドキしながら待っているのだ。

しんかい6500、現在水深2500m。

海底まであと100m。ここで、しんかい6500は500kgの重りを捨てた。すると潜水を続けていたしんかい6500は、ぴたっと海水中で静止する。重力と浮力が完全に釣り合った状態だ。

イイジマさんが「しんかい、これより海底に降りる」と無線でよこすかに連絡し、ボクらはゆっくりと海底に近づいていった。

その4 その瞬間、全身に稲妻が走った

海底まであと10mぐらいのところで、観察窓に顔を押しつけていたボクの目にも、うっすら海底が見えてくるようになる。この瞬間がとても楽しい。

ボクは小さいころ、川や湖に水中メガネをつけて潜るのが、何よりの楽しみだった。川や湖の底の景色は、普段目にする陸上の風景とはまったく違っていた。水を通して届く光の色調のせいなのか、水を伝わって耳に届く音の効果のせいなのか、体全体に感じる水の

圧力のせいなのか、はたまた、水の中で活き活きと動く魚や、至近距離まで近づいてやっとその存在が確認できるいろんな種類の小さな生き物や植物のせいなのか、とにかく心が躍動した。同時に、矛盾するようではあるが、あの水中の景色を眺めていると落ち着きもしたのだ。

いま見えているのは、川や湖の底ではなく深海底なんだけど、昔見たあの水中の景色と同じようにボクの目に飛び込んでくる。

ストン、としんかい６５００が２６００ｍの海底に着底した。人の頭ほどの黒っぽい溶岩が転がる玄武岩の「れき」の海底だ。よこすかへ簡単な報告を済ませると、時間がもったいないので早速、熱水活動域の探査を始める。

目的地である熱水域まで２００ｍぐらいしか離れていないところに降りたはずだ。実は昨日、ケーブルにつながったカメラを海底に沈めていたので、熱水域のだいたいの位置はわかっていた。普段は、そんな前情報などない一発勝負の探査が多いので、やみくもに捜索し（もちろんいろいろ作戦は立てるよ！）、かなりの確率で空振りし、徒労感に襲われる。

進み始めるとすぐに、岩の表面に白いイソギンチャクとシンカイミョウガガイとフジツボの仲間がペタペタとくっついているのが見えた。うん、熱水は近いな。普通の海底では、こんなに大きなサイズの生物をたくさん見かけることはない。熱水がエネルギーとなる物質を海底に運び、それを微生物が有機物に変換し、その微生物が豊富な栄養源となるため、このような深海生物がたくさん生息することができるのだ。

熱水に近づくにつれ生物の数、種類が飛躍的に増えてゆく。

しんかい6500の特等席である、真正面の観察窓を覗きながら操縦しているヤナギタニさんが「あーー！　熱水が噴いてるのが見えましたーー！」とやや興奮気味に伝える。

それを聞いてしんかい6500の〝ザコ席〟である左下方しか見えない観察窓を覗いていたボクは、海底の観察をやめて、コックピット内のカメラモニターに目を移し、ヤナギタニさんが発見した熱水にカメラを向け、アップにして映し出す。

「おー、噴いてる噴いてる。いいねえ、いいねえ」などとはしゃぎながらも、「よし、じゃあ、もうそのまま前進して、いまの角度でいいからチムニーの真ん前に着底して」「ま

観察窓から見える寄生獣。白くてぷよぷよした気色悪いヤツ。2013年の調査により、正式に生物学者がナマコの仲間と冷酷に同定。ついに寄生獣ではないことが判明し、全米が泣いた（提供：高井研）

ずチムニー採って、大きくなった熱水の噴出口から採水します。順番は、まず保圧（採水器の名前）2本行きます」と、的確な指示を速やかに飛ばす。

このあたりは、ボクはさすがなのだ。ベテランなのだ。しっかりしているのだ。素晴らしいのだ。

ヤナギタニさんが熱水チムニー前50㎝のところにしんかい6500をベタづけしようとしているあいだ、海底を観察する。「うーん、むっちゃいろんな深海生物がいるぞ。イソギンチャク、シンカイミョウガガイ、ヒバリガイもいる、ゴカイの仲間もいる。リミカリスとコロカリスというインド洋に典型的なエビもたくさんいる。なんか気色悪いくにゃくにゃの見たことない寄生獣（漫画の題名です。気にしないで下さい）もいるぞ。よっしゃ、よっしゃ、いい感じ」。そんな感じでどんどんアドレナリンが沸騰してくるボクであった。

ふと、深海生物でにぎやかな海底風景の遠くのほうに、なんか白と茶色の生物の集団が見えた……。肉眼ではちょっと見えづらい。

もう一度、カメラモニターに目を移し、カメラをその生物集団のほうに向けて、ズームアップしてみる。「白い貝のようだな。うーんなんだろうな。あんまり見たことがないな。んっ？　巻貝!?　なんかウロコみたいなものが見えるぞ？」と心の中でつぶやく（この間0・001秒）。

左／こんな風景をライブで見たら卒倒しますよ〜。白いのが「白スケーリーフット」（提供：高井研）
右／これが今回の主役、白いスケーリーフット。通称「シロスケ」（提供：新江ノ島水族館／JAMSTEC）

その瞬間、全身に稲妻が走った。キタァァァァァァーー！！！

「スケーリーフットや！！！！！！　白いスケーリーフットや！！！！！」

ボクは無意識に叫んでいた。興奮してイイジマさんにガンガン唾を飛ばしながら、コックピットの床をドンドン足で蹴飛ばし、自分の太ももを手でバシバシ鳴らしながら、叫びまくった。狂ったかのように、わめき続けた（この瞬間の動画とボクのセリフはYouTubeのＪＡＭＳＴＥＣチャンネルで確認できます）。

▼http://www.youtube.com/watch?v=EXn-JP5eb7M

勝った。勝利した。大勝利。ウィーウィン！

一体何に勝ったかって？

うん、それはいい質問だ。なぜかボクは、こういう発見をしたとき「勝った！！！！」という気持ちが湧いてくる。おかしいかな。いやおかしくはない。

冒険や研究を進めるとき、いつもボクの中には、「ぜったいボクは間違ってない」という自信に溢れた自分と、「もし何も見つからなかったらやばいよな、かっこわるいよな」という不安に怯える自分が同居しているのだ。そして自信に溢れた自分が、不安に怯える自分をちょっとだけ抑えつけることによって、なんとかかんとかして研究を進めている毎日なんだと思う。

だから、このえもいわれぬ「勝った！！！！」という感覚は、たぶん、「己を信じる自分の信念が、己を疑う自分の弱さに勝ったんだ！」という感覚に根ざしているに違いない。「ざまーみろ、自分」「すげーよ、自分」「天才!!　やはり天才」。そういうことだったんだな。

白いスケーリーフットを見つけたことの科学的な意義は、いろんな意味で大きい。

広いインド洋に点在する深海熱水域には、人類が出会ったことのない未知の生物がひっそりと生きているに違いない。だが、いまボクの目の前に見えている深海熱水域も、まだ４つ目に過ぎない。しかし、４つの深海熱水の発見によって、インド洋独自の進化を遂げた化学合成生物がいくつも見つかっただけでなく、すでに太平洋と大西洋でも発見されている深海化学合成生物の進化の歴史に光を当てることができるかもしれないのだ。

そんな熱い想いとは相反して、ヤナギタニさんのベタづけ駐車がマゴマゴしている。やばいぞやばいぞ、「イラッ感」が湧き上がってきた。ヤナギタニさんが「なんかねーうまくいかないんですよぉー。モゴモゴ」と弱音を吐く。

表情には表れていないが、どうやらあまりに時間がないというプレッシャーにヤナギタニさんは軽くパニックを起こしかけているようだ。そのとき、イイジマさんが素早くこう言った。

「ヤナギタニ！　代われ！」

潜航の編成上は、パイロットがキャプテンであり、最終意思決定者である。しかし、いまのコックピットには、元しんかい６５００潜航長だったベテランのイイジマさんがおり、そのイイジマさんがここは「自分がやったほうがうまくいく」と判断したのだ。ボクもまさに、同じ言葉を口にしようかと思っていた。

代わったイイジマさんはすかさず、しんかい６５００をバックさせ、右側から再突入して、わずか5分でベストポジションに着底させた。見事！　そしてボクらは映像を撮り、写真を撮り、採水・チムニー周りの生物採取をてきぱきこなしていく。

そして、採水中に、ボクはイイジマさんと場所を代わってもらい、噴出孔の真正面に位置する特等席の観察窓から、目の前１ｍのところで、もうもうと噴き出すやや黒みを帯びた透明な熱水噴出を眺めることができた。

至福ナリ！　視福ナリ！　このパイロット用観察窓から見える深海の風景に勝る風景をボクは知らない。ボクの陳腐な文章では、ホントに表現しきれない。ずっと見ていたい。ただそれだけだ。

よこすかからは、「どうなっているか状況を知らせよ！」という通信が入った。ボクがパイロットだったら、たとえ「いますぐ、浮上せよ！」という指令がきても、「誰が浮上するか！　もうちょっとこの風景を堪能してから……」と言うに違いない。しばらくのあいだボクは深海の景色を堪能し、幸せな気持ちで満たされてから、特等席の本来の主であるヤナギタニさんと交替した。

それからボクらは、いつ「浮上せよ！」と言われてもいいように、見つけたばかりの白いスケーリーフットやアルビンガイや、様々な生物をなるべくたくさん採取した。実際には、広さ１００ｍ～２００ｍ四方ぐらいある熱水域のうち、ほんの20ｍ四方分ぐらいしか観察できなかったわけだが。そして、着底してからわずか1時間半後に、「いますぐ浮上せよ！」という指令がきた。

ボクらは名残惜しさでいっぱいだったけど、ベストを尽くしたこの潜航調査には、とても満足していた。最後の最後のチャンスで、最大の目標をギリギリ達成することができたのだ。

ヤナギタニさんが熱水域から30ｍぐらい離れたところで、「バラスト投棄！」と言いながら、重りを捨てた。すると一瞬体が押しつけられる感覚ののち、ボクらを乗せたしんかい6500はみるみるうちに海底から遠ざかり、浮上を始める。

海底が見えなくなった。ボクは痛くなった首を伸ばし、張りついていた観察窓から顔を離す。そして、浮上準備をする2人の仲間に目を移した。

今日という日を忘れないだろう。

朝からこんなにドキドキ、ハラハラ、ヤキモキ、ソワソワ、ビリビリ、ウヒョウヒョした日はなかった。コックピットのボクら3人は、疲労を感じながらも、それでも体の芯に残る高揚感を隠せないでいる。海面に浮上するまでの1時間半、ボクらにはまだたっぷり時間がある。イイジマさんが淹れた熱いコーヒーの素晴らしい香りと、ボクの取り出した「きのこの山」の甘いチョコレートの香りを楽しみながら、ワイワイ反省会だ。

さあ帰ろう。船上ではみんなが、ボクらとサンプルの帰りをいまかいまかと楽しみに待っているはずだ。

＊　＊　＊

いま綴ったのは、２００９年10月10日から10月30日までＪＡＭＳＴＥＣのよこすかとしんかい６５００を用いた「インド洋熱水探査航海」（正式な航海番号はYK09-13 Leg1）のワンシーンです。本航海は、東京大学大学院工学系研究科附属エネルギー・資源フロンティアセンターのセンター長であった玉木賢策教授を首席研究者とする国際研究チームによって行われたものです。

玉木賢策先生は、長年インド洋における新たな熱水活動調査研究に多大な貢献をされ、そのリーダーシップにより、ようやく見つけた熱水活動の兆候をもとにこの航海で２つの熱水域を発見するという成功を収められました。

熱水を見つけた潜航研究者（ワタクシのことでもあります）が、よこすかの船上に戻り、興奮と嬉しさを隠せずに行った報告に対して、さらに嬉しそうな笑顔で頷いて下さった玉木先生の姿が忘れられません。玉木先生は、２０１１年４月５日、出張先のニューヨークにて、急病のため突然逝去されました。

本章で伝えたかった「研究の楽しさ、喜び、熱い思い、そして感動」は、玉木先生が「その研究」を通じて伝えたかったことに他なりません。「科学の原動力は感動であることを再認識した」。この「インド洋熱水探査航海」で最も大きな成果は何か？　と問われたとき、玉木先生はそう答えました。ワタクシのこの駄文を、天国で読んで「相変わらず高井さん、無駄に愉快でエネルギッシュですね〜。でもボクはそういうの好きですよ」とおっしゃっていると思っています。本当に一緒に研究ができて楽しかったです。ありがとうございました。そして安らかに。

第2話

JAMSTECへの道 前編

時は遡って1991年、日本中がまだバブル景気の熱に浮かれていたこの年、ボクは深海に生息する超好熱菌の存在を知った。どうやら、この超好熱菌は地球上の生き物の先祖だと考えられているらしい。……生命の起源を解き明かしたい！　21歳のボクは、研究の道へと一歩を踏み出した。

その1 東京地検特捜部か、ノーベル賞か

第1話では、もはやほのかな加齢臭とともに哀愁を漂わせつつある中年中間管理職のワタクシ高井研が、残り少ない現役研究者としての情熱を燃焼させてスス煙など巻き散らかしている、そんな有人潜水艇「しんかい6500」での深海調査の様子を紹介しました。

この2009年のインド洋の調査は、実はワタクシにとって記念すべき「たぶん……35回目くらい」の有人潜水艇による潜航調査でした。

たぶん35回くらい、普通の人がめったに行けないディープ・グランブルーの世界に潜って研究をさせてもらってます。シアワセモノです。耳にする噂では、どうもこの回数は、JAMSTECの深海研究調査が公募制になってから最多記録のようです。さらにシアワセモノです。

潜航調査の目的は、ボクの場合すべて深海熱水です。しかも、全調査で深海の海底から熱水が噴いている場面に遭遇しています。しんかい6500にチョットした不具合が起きて、緊急浮上したときですら、深海熱水はちゃんと目に焼きつけてから浮上しているので

すね。うーん、運がいいのか、あるいはおいしいとこを狙って潜っているのか。たぶんどっちもです。

かなり煤けた記憶を呼び起こせば、ワタクシ高井研が有人潜水艇による潜航調査を初めて経験したのは１９９８年の初夏、沖縄トラフ伊平屋《いへや》北フィールドでした。沖縄トラフとは、沖縄本島を含む琉球列島の北西に１０００km以上にわたって存在する、舟底状の窪みを指します。そして沖縄県那覇市松山から北北西に約１５０km、東シナ海の水深約１０００mに存在する深海熱水活動域が伊平屋北熱水フィールドです。日本で深海熱水が発見されたのは１９８０年代の後半だったのですが、伊平屋北フィールドは比較的早い段階で見つかった、由緒ある和製深海熱水域です。あれは、京都大学農学研究科で博士号をとってＪＡＭＳＴＥＣにやって来てからまだ1年も経っていないピチピチのフレッシュマン（死語）時代のことでした。

それから早15年が過ぎました。すぐに誰かエライ人と喧嘩して、生卵でも投げつけてクビになるに違いないと思っていたＪＡＭＳＴＥＣに居座り、プログラムディレクターなどという、名前だけは「まあご立派！」だけど、使い減りしない哀愁の中間管理職に就き、挙げ句の果てには、ご縁ある沖縄トラフ伊平屋北フィールドで地球深部探査船「ちきゅう」を使って日本初の大規模熱水掘削調査を指揮することになるとは。まさかそんな日が来るとは予想していただろうか。いやしていない（反語）。

だんだん話の道筋と文章のノリがよくわからなくなってきましたが、つまり第2話のマクラは、「遠い目で振り返る過去」ということのようです。

京都に生まれ、そこで幼少期を過ごし、思春期は山紫水明自然溢れる滋賀県北部（要するにド田舎）でまっすぐ育ち、青春期に再び京都でハジけた、根っからの京都人であり滋賀県民でもあるワタクシが、なぜ箱根の関所を越えてＪＡＭＳＴＥＣにやって来たのか？これから始まる第2話では、そのエピソードを紹介したいと思います。

さあ、みなさんも、夜な夜な東京都港区芝浦の片隅でボディコン（これも死語）という特攻服に身を包んだ３０００人ものうら若き女子たちが扇子を振り回して踊り狂っていたとまことしやかに語り継がれる、いまの若い人には信じられないようなあの平和な１９９０年代初期に、タイム・スリップしたと思って下さい。

「ジュリアナトーキョー行ってみたい」とうつつを抜かしていたワタクシに、深海に青春を賭けることになる最初のきっかけが訪れたのは、１９９１年2月のことでした……。

＊　＊　＊

京都大学農学部では、3年生の後期試験が終わるころには、4年生の配属研究室や、春から始める卒業研究のテーマを決めなくてはならず、同級生たちはみんなソワソワしていた。自分の進みたい研究室の配属人数、就職率の良さやラボの雰囲気、その人間関係など、調査すべき事柄がたくさんあったのだ。

ボクはもともと、生物系の研究者になるのもいいなあと思って京都大学農学部に入学した。そこには高校時代の生物の先生の影響があった。

その先生は、いかにも生物教師っぽくて、のどかな昼下がり、学校の生物実験室でホゲーッて感じで飼育生物の世話をしたり、テレテレと実験の準備をしたり、時間の進み方が他の教科の先生とは明らかに違っていた。

あの緩やかな時間の進み方は、ぜったい生物を扱う実験や研究に由来するものだとボクは思っていた。あとでそれは、先生の個人的な特性によるものだとわかったけれど、生物を扱う研究というのはどこか、研究対象に時間を合わせなければならない側面があって、一般的な社会活動の時間とはズレてくるものなのだ。

「我、生物系研究者。故に我、朝苦手」。ゲノム（ヒトとかイヌとかウマとかの生物細胞内のすべてのＤＮＡ）研究の魔王と呼ばれるアメリカのベンター研究所のクレイグ・ベンターもそう言っている。ある国際学会で、クレイグ・ベンターは、自分のゲノムＤＮＡの完全塩基配列を読んで、「夜型」遺伝子を見つけたと嬉々として話していたっけ。さすが変人と呼ばれるだけのことはある。

高校時代、ボクにはもうひとつなりたいと思っていた職業があり、それは、東京地方検察庁特別捜査部、つまり東京地検特捜部の検察官だった。だからボクは京大の他に大阪大学法学部も受験していた。

まあその理由は、若者にありがちなとってっても青クサーイ正義感がもたらすものなので、恥ずかしくて告白したくないが、要するにあのころの大物政治家は（いつでもそうだけど）、みんなココロザシを忘れて、ナントカ疑惑でお金をガッポガッポ懐に入れていたわけだ。巨大権力を牢屋にブチ込めるのは東京地検特捜部だけ、とボクは思っていた。まだスレていなかったボクは「特捜部だって巨大権力じゃん。それに特捜の人間も牢屋にブチ込まれているＹｏ・Ｎｅ」ということには残念なが

やや「イチビリ」モードの若かりし日のボク。なんか「昭和」のかほりがしますね。特に女性の衣装と化粧の感じが……。ちなみにワタクシの脇に写っている方々はテニスサークル（もしかしてこれも死語？）の後輩の方々です。いまさらクレームは一切受けつけないよ（笑）（提供：高井研）

ら気づいていなかった。

幸運なことにどちらの大学にも合格した18歳のボクは、大学入学に際して人生の職業選択を迫られたとも言える。

明治生まれの教育ママだったおばあちゃんの「ワタシの子どもか孫、いや、一族郎党の誰でもいいから、京大に入学して！」という悲願や、「京大とソルボンヌ大学（パリ）に共通するアカデミアの空気感がサイコー」という、パリに行ったこともないはずなのに何故かその空気感を知っていた我が母の謎の名言に惑わされたのかはわからないけれども、ボクは意外にあっさりと京都大学農学部に進学することに決めた。

パリ大学の空気感なんて知らなかったが、たしかに京都大学のキャンパスや周辺の大学街からは「自由な学風と伝統に支えられたアカデミアの空気感」とやらが感じられ、圧倒された（ような気がした）のは間違いなかった。そしてめでたく大学生になったボクは、将来は生物系の研究者になり、ノーベル賞をとる！　とすぐさま決意したのだ。

そんな短絡的思考マル出しの過去を持つボクは、配属研究室を決めるにあたり、どうしたらノーベル賞が受賞できるかという壮大な作戦を練った。「ノーベル賞をとる生物系の研究者になるためには、利根川進よ、分子生物学よ、そらそうよ」。利根川進博士が日本人で初めてノーベル生理学・医学賞を受賞したのは、ボクが高校生のときで、それは高校時代に感銘を受けたニュースの第2位だった（ちなみに第1位は阪神タイガース日本一）。

我が京都大学農学部水産学科で、分子生物学っぽい研究（つまりＤＮＡとか大腸菌を扱いそうな研究）をやっていたのは、水産微生物学研究室ぐらいしかなかった。そのことは3年生の時点でわかっていたので、ボクの進路はすでに決まっていたと言っていい。そしてその研究室の教授、助教授、助手に、研究室ドラフトの逆指名までしていたのだった。

そんなある日の夕方、学部生居室というタコ部屋の卓球台でへんちくりんなサーブを練習していると、意中の水産微生物学研究室の石田祐三郎教授がひょっこり顔を出した。

「おう、タカイ！　ちょうどええトコにいた。いまから教授室に来いや」

うちの学科の豪腕教授と噂される石田先生にいきなりの呼び出しを食らって、ボクはかなりビビった。「さらわれて、どこか瀬戸内海あたりの研究所に売り飛ばされるんじゃないか」とおしっこをちびりそうになったのは秘密である。

教授室に入ると、「オマエ、うちのラボに来るんやろうな。もう逃げられへんぞ！」と早速一喝された。まるで悪徳金融業者のような見事な手管だ。

「オマエ、成績は……ふーん、見かけによらずまあまあ優秀やな。でも成績はどうでもええわ。オレはオマエの運動能力に惚れたんや。勝ちたいんや！　これで今年から、研究室対抗ソフトボールも野球も安泰や」

そうなのである。ボクは小学校のときはプロ野球選手、中学校のときはプロテニスプレーヤー、高校のときは高校サッカー選手権で国立競技場を目指していたほどのスポーツ少年だった。運動が苦手な学生の多い京都大学では、かなり運動が「デキル」学生だったのだ。

実際、3年生のときに行われた学科対抗のソフトボール大会では、水産学科代表メンバーに選出され、1番ライトで打率9割を超える俊足好打好守のイチロー（しかし、当時はイチローはデビューしてなかったので「シノヅカ」と呼ばれていた）のような選手だった。ボクの好プレーで水産学科は大会3連覇を達成した。

ちなみに『巨大翼竜は飛べたのか――スケールと行動の動物学』（平凡社新書）や『ペンギンもクジラも秒速2メートルで泳ぐ――ハイテク海洋動物学への招待』（光文社新書）の著者である佐藤克文さん（東京大学大気海洋研究所 国際沿岸海洋研究センター准教授）は、ボクの2年先輩で同じく俊足好打好守のセンターであった。さらに佐藤さんは、水産学科サッカー代表チームでキャプテンも務めていた。

「もうすぐ研究室の野球チームのキャンプインがあるから、研究しろや、オマエら!! でも今日は、違う話や。オマエ、海外留学したないか？」

研究室に配属される前から「留学」ってどういうこと？　とかなり混乱しつつも、ボクは憧れの金髪美人女子学生と英語で愛を語らう近未来の自分を想像して「えーなあー」と思った。

「よっしゃ、じゃあ留学先を決めなあかんから、まずは研究テーマ決めよう。研究テーマが決まったら、それに合わせて留学先決めて、来年か再来年行ってこい。わかったな。じゃあキャンプインまでに自主トレで体作っとけよ」

そう言われたボクは、研究テーマを決めるために研究室の助手をしていた左子芳彦先生（現・京都大学大学院農学研究科応用生物科学専攻海洋微生物学講座教授）に会いに行った。ボクが事の次第を話すと、水産微生物学研究室のエース（決して野球のエースという意味ではない）と呼ばれていた左子先生は開口一番「キミ、研究ナメとるんか？」と若干怒気を含んだ口調で言った。でも左子先生は、「チョー生意気な3年生」で顔を売っていたボクを結構気に入ってくれていたようで、親身に相談に乗ってくれた。

「研究テーマとして、貝毒（フグ毒と似た牡蠣などの貝が持つ毒）の生成細菌やウイルス、その原因遺伝子の研究というのと、ボクが個人的に興味を持っている超好熱菌の研究というのがあるけどどっちがいい？」

その話を聞いたとき、ボクは「おお、遺伝子！　やりたかった分子生物学ではないか。しかもウイルスって、分子生物学の花形やん」と心が躍った。当時ボクが読んだ科学雑誌

『ニュートン』の特集記事には、「レトロウイルス」というRNAを遺伝子に持つウイルスが肝炎やエイズの病原体とされ、ノーベル賞級の熱い研究トピックであると書いてあった。『ニュートン』、読んでてよかったー。

「ぜひ、毒ウイルスの研究をやりたいです」とボクが即答すると、左子先生はちょっと寂しそうに「えー、毒のほうがいいの？　でも、超好熱菌っておもしろいんだよ。キミは深海熱水噴出孔って知ってる？　温泉の温度は高くても120℃くらいだけど、水深2500mの深海になると、水圧がかかって350℃くらいの熱水が噴いているんだよ。そういうところに超好熱菌という微生物が生息していてね。そいつらのタンパク質は、沸騰するお湯の中でも変成せずに働くんだよ。すごいと思わない？　さらに、そういう超好熱菌はね、地球上の最古の生命と考えられているんだよ。そいつらの生命活動の仕組みがわかれば、生命の起源の謎が解き明かせるかもしれない。でね、ここだけの話、最近三菱重工業が水深6500mまで潜れる『しんかい6500』という有人潜水艇を造ったんだ。それがね、ジャ、ジャムステックっていう横須賀の研究所にあってね。ボクはそこに顔が利くから、もしかすると超好熱菌の研究をしていると、その有人潜水艇に乗れるかもしれないよ」とまくし立てた。

いま思えば、これがボクとJAMSTECのホントに最初の出会いだった。深海、

350℃の熱水、超好熱菌、生命の起源、しんかい6500、そしてジャムステックとかいう正体不明の研究所。そしてそれを話す左子先生の嬉しそうな表情と情熱に溢れた話ぶりは、いまでも鮮明に覚えている。「研究が大好きで情熱を傾けるテーマを持った研究者って、こんなに目が輝いていて、嬉しそうに話す姿が可愛らしくてカッコええもんなんやな」とちょっと驚いたのだ。

でもボクはそんな左子先生のアツーイ勧誘を華麗にスルーして、「時代は分子生物学なんで。毒ウイルスの研究がいいです」とまたしても間髪を容れずに答えた。

左子先生は「わかった。とりあえず、毒ウイルスの研究をやっている先輩を紹介するから、話を聞いてきなさい。そして、もう一度よく考えてみよう。1週間後にまた話し合って研究テーマを決めよう」とやさしい英国紳士のような対応をしてくれたのだ。

その2　深海か、毒か

紹介された先輩は、現在、独立行政法人水産総合研究センター瀬戸内海区水産研究所にいる長崎慶三博士だった。

長崎さんは、石田先生―左子先生をたらい回し中のボクの話を聞いて、「おおお、毒がやりたいんか、活きのええ若者（ドレイ）が来た」と喜んだが、ボクの同級生がすでに「毒遺伝子」をやりたいと言って訪ねてきたことを理由に「先生たちがなんと言うかな」と不安な表情を見せた。

チョー生意気なボクは、「ボクのような優秀かつ情熱に溢れた将来有望な博士課程進学予定者がその研究をやりたいと言っているのに、やらせないアホ大学教官は吊し上げてやりますよ」と意気込んだ。

男気ある長崎さんは「そこまで言うなら、よし、一緒にやろう」と言ってくれて、同じ研究テーマを希望しているもうひとりの同級生にも声をかけ、決起集会だと飲みに連れて行ってくれたのだ。

やるでやるで。憧れの分子生物学&海外留学。目指せノーベル生理学・医学賞。打倒、利根川進！　ボクはジュリアナトーキョーのことなどすっかり忘れ、これからの研究生活を思って意気揚々だった。

ところが数日後、長崎さんがクラーい顔をしてボクの前に現れた。

「タカイ君。まずいわ〜。まずいことになったで〜」

どうやら英国紳士然とした左子先生が、ボクをイタク気に入ってしまったらしく「アイツには超好熱菌の研究をさせたい」と、ボクの知らないところで長崎さんにギュウギュウとオトナの圧力をかけているらしい。

長崎さんも「キミ、超好熱菌の研究でええやん」とボクのことはもはや投げ出しかけている様子だったが、こんなことを言ってくれたのだ。

「タカイ君、よう聞きや。博士課程までの研究というのは人生を賭けるテーマとちゃうんやで。ライフテーマを探す能力や知識、研究に対する世界観を養う期間なんや。そやから、いま選ぶ研究テーマをこれから先ずっとやるわけではないんやから、いろんなことを学ぶことのできる学際性というのが重要なんとちゃうかな」

聞くからに苦し紛れの言い訳っぽかったが、この長崎さんの言葉にボクはちょっぴり心動かされた。それに水産微生物学研究室のエースである左子先生にそこまで目をかけてもらっているという事実を知って、単純に嬉しくもあったのだ。

しかし、毒ウイルスや毒遺伝子にも捨て難い魅力があった。それまでも、その後も、あんまり人生に悩んだことのないボクだが、このときばかりはちょっと悩んだ。その晩、森直樹という友人（現・大阪府立大学工学研究科知能情報工学分野准教授）に相談してみた。

そうすると、数学・物理・情報系の森はあっさり結論を出した。

「そら、超好熱菌のほうがおもしろいやろ。オレやったら超好熱菌の研究選ぶわー。生命の起源のほうがぜったいいいやん。なんか分子生物学って体の分子を全部調べたら生命現象が説明できるという指向っぽいけど、そんなんで生命現象を理解できるとはとてもオレは思わんけどね」

ボクは分子生物学をバカにされてムッとしたが、この森のひとことで視界が開けた。持つべきものは友よ！　そしてなんと頭のいい友よ！　森の言っていたことは、ある意味、いまのボクが言いたいことそのままだな。うむ、たしかに。分子生物学より生命の起源のほうがスケールでかいわ。

そして約束の1週間後、再び左子先生に会いに行ったボクは、晴れやかな表情で、「超好熱菌の研究をします。生命の起源を解き明かしたいと思います。よろしくお願いします」と宣言した。左子先生はとても嬉しそうだった。

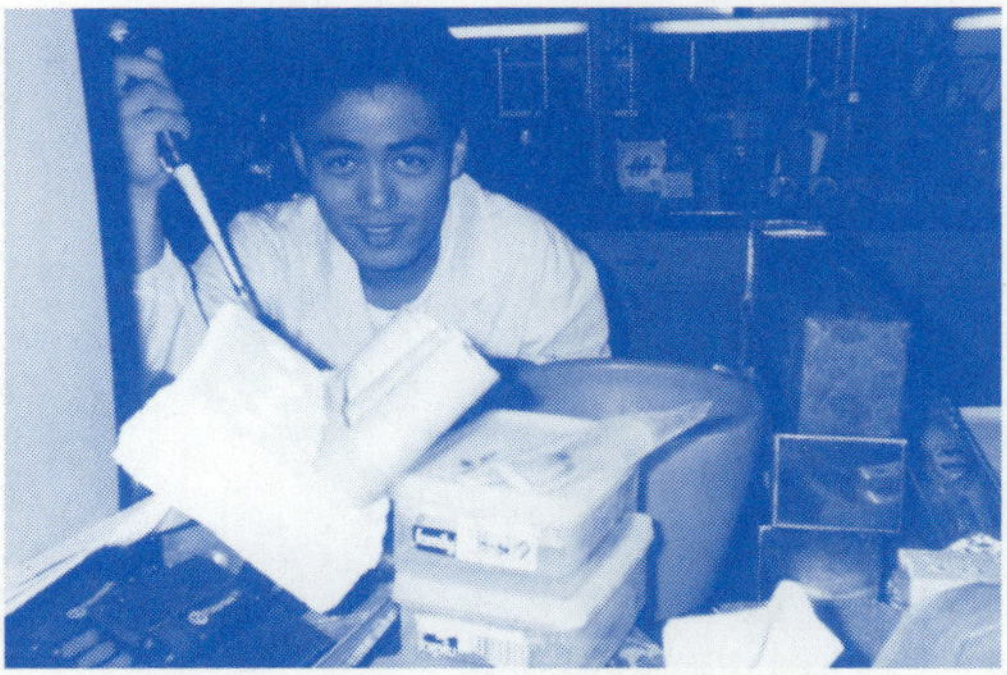

京都大学農学部水産微生物学研究室に配属されて実験に勤しむボク。白衣を着て研究者らしく見えるようになってきたぞ（提供：高井研）

そして、研究テーマも決まったし、留学先を決めようかという話になり、左子先生が3人の研究者を推薦してくれた。そのなかにアメリカのシアトルにあるワシントン大学海洋学部のジョン・バロスという名があった……。

大学4年生の春に石田先生の研究室に配属されてから、1年と少し経った1992年の初夏、ボクはいっぱしの超好熱菌研究者気取りの修士1年生になっていた。超好熱菌の研究は、始めてみると生命の起源の謎に迫るどころか、それははるか先の宇宙空間の彼方にあるのではと感じたが、毎日とてもエキサイティングだった。

ボクは長崎県島原半島、雲仙普賢岳の西に位置する小浜温泉の沖にある水深の浅い海底温泉をメインフィールドに、誰も見つけたことがない超好熱菌を培養すべく、研究に取り組んでいた。それと並行して超好熱菌のタンパク質の熱安定性についての研究も進めていた。

●超好熱菌のタンパク質のお話

沸騰するお湯の中で卵を10分ほどゆでると、見事なまでのハードボイルド卵になるのはみなさんご存じだと思います。あれは卵のタンパク質が、熱で変成するから固くなるわけです。鶏はボクらと同じ外気温の中で生きている動物なので、鶏の体やその卵のタンパク質は通常生活している温度＝常温（20－40℃）で適正なカタチを保ってちゃんと働くようにできています。しかし、100℃のお湯では、高温のせいでプルンプルンしたカタチが壊れて、グシャグシャと縮こまり、カッチカッチのゆで卵になるわけですね。

これが普通の生物のタンパク質のバアイ。

ところが、超好熱菌というのは、80℃以上の高温で一番活発に活動する微生物であり、中には100℃を超えないと「チョー寒いから寝る」とピクリとも動かない菌までいるんです。こういう菌のタンパク質は当然、100℃以下ではカチカチに凍ったような状態です。だから、超好熱菌の細胞はほぼすべて、やたら高温に強いタンパク質でできているんですね。

だから何？　と言われると困っちゃうんですが、まあ、科学者というウザイぐらい好奇心を持っている人種は、そこにめちゃくちゃ興味を持ってしまうモノなのです。

鶏の卵のタンパク質だろうが、超好熱菌のタンパク質だろうが、もとになっている材料は20種類のアミノ酸であり、それが順番につながっているだけ。そのつなぎ方が違うだけなのに、一方は100℃で機能を失った変性タンパク質となり、もう一方は「100℃サイコーだぜ。バリバリだぜ」と機能しまくりなんです。

アミノ酸をつなぐ順番の違いだけでここまで差がつくなら、「ムフフフ、もしその仕組みを理解すれば、自分だけのお好みのタンパク質が創れちゃうんじゃないの」とある種の人たちがニヤニヤ考えてしまうのは、みなさんにも意外とすんなり理解していただけるのではないかと思います。

また、そんな高温下でもダメージを受けずに長持ちするタンパク質ならば、それをうまく使えば「カネも地位もオンナもクスリも思うがままよ」とうっかり狸の皮算用しちゃう粗忽者《そこつもの》が現れてもおかしくないわけです。もちろんこのセリフは「ポリメラーゼ連鎖反応（Polymerase Chain Reaction＝ＰＣＲ）法」の開発によって１９９３年にノーベル化学賞を受賞したキャリー・マリスという化学者を指して言っているんですがね……。

このマリスという人の破天荒ぶりは『マリス博士の奇想天外な人生』（キャリー・マリス著／福岡伸一訳／早川書房）に詳しいのでぜひ一読をオススメしますが、このＰＣＲ法の開発のキモになったのが、好熱菌や超好熱菌が持っている、高温で壊れずにバリバリ働くＤＮＡポリメラーゼというタンパク質だったのです。

……どこからか謎の天才科学者が解説に現れたが、そんなふうに、超好熱菌というのは、「生命の起源や太古の生命」といった面からだけではなくて、生化学やその応用面、もちろん分子生物学的な方面からもいろいろと注目を集めている研究対象だったのだ。

心に刻み込んだ「生命の起源や太古の生命を明らかにしたい」という思いのもと、超好熱菌の研究の広がりを知り、研究にのめり込んでいくうち、ボクは、誰もまだ見つけたことのない、世界最高温度で生きる超好熱菌を見つけて、そいつのタンパク質がなぜ高温で働くかを明らかにしたい――そんな風に考えるようになっていた。

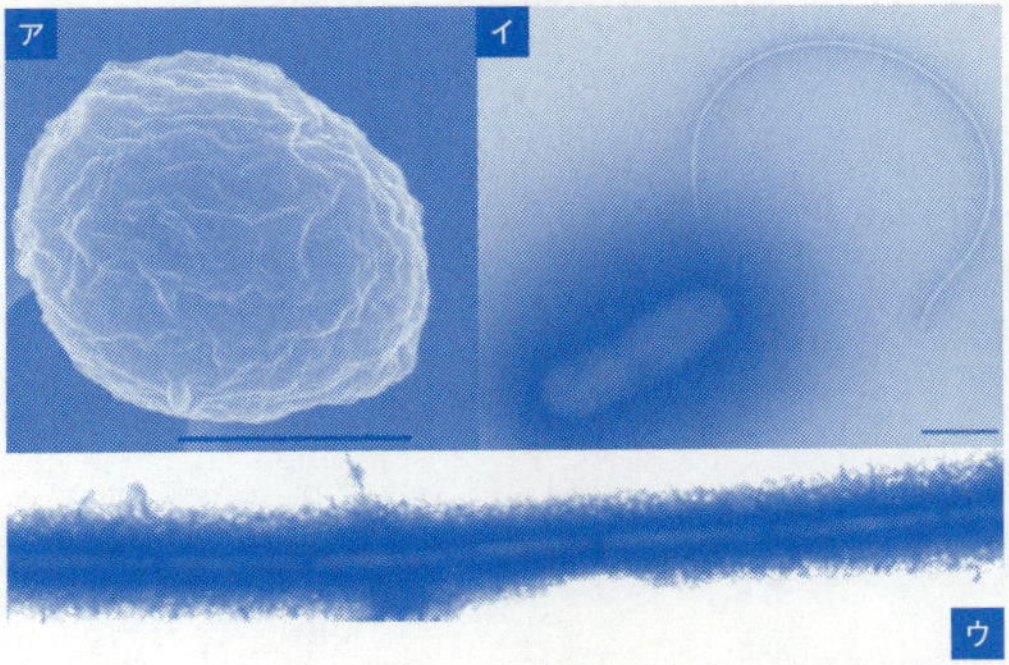

ボクが「フォーリンラブ」した超好熱菌たち。（ア）は21歳のボクが日本初の培養に成功した（と思っている）Thermococcus属という超好熱菌。（イ）の好熱菌の学名はThermosulfidibacter takaii。ん？ タカイ、アイ？ ソウデス、私の名前です。（ウ）21歳のボクが誓い、36歳になってようやく公約達成した「世界最高温度で生きる超好熱菌」のMethanopyrus kandleri（提供：高井研）

そんなある日、左子先生が「タカイ君、朗報やで」と、ある学術集会の情報を教えてくれた。ボクの中では正体不明の研究所のままだったあのＪＡＭＳＴＥＣで、深海熱水や深海底の微生物に関する国際ワークショップが開かれるというのだ。案内を見るとカール・シュテッターや大島泰郎といったボクの憧れの超好熱菌研究の超大物の名前が並んでいるではないか。その他にも世界的に有名な微生物学者が勢揃いするワークショップだった。スゲェなー、ＪＡＭＳＴＥＣ。左子先生もそこに招待されていたのだ。

「あそこは読売ジャイアンツみたいな金満球団だからな」

左子先生はイヤミをひとつ言ってニヤッと笑った。

そして、その招待講演者の中には、ボクの留学希望先であったワシントン大学海洋学部のジョン・バロスの名前もあった。左子先生は言った。

「この集まりで、ジョン・バロスと直接話をして、留学の件はまとめてしまおう」

そんなワケで、ボクは謎の研究所、ＪＡＭＳＴＥＣに行くことになった。ＪＡＭＳＴＥＣ訪問の旅の道中を、ボクはいまでもハッキリと覚えている。あの、とても暑かった夏の日のことを。それは、ボクが初めて研究者としての自分を、日本を、そして世界を、強烈に意識した日だったからだ。

その3　国際ワークショップで撃沈

ボクの所属していた京都大学農学部の水産微生物学研究室は、研究費にはそこそこ恵まれていたようだが、「お金持ち」研究室というほどではなかった。そのため、大学院生に支給される旅費は1年に1回、学会発表の際に2万円だけというヘンなルールがあって、ワークショップには自費で参加しないとダメだった。

となると極貧学生のボクには、「青春18きっぷ」を使って普通電車を乗り継ぎ、京都から横須賀のＪＡＭＳＴＥＣに行くしか手だてはなかった。

ワークショップの前日になって、研究室にチリから留学していた女子学生パメラさんもこの貧乏旅に便乗することになった。パメラさんと一緒に、京都から横浜までゴトゴト鈍行電車で移動した。日本にやってきてまだ日の浅いパメラさんは、ボクと同い歳だったがすでにチリの標準的お母さん体型をしていて、さらに覚え立てのヘンな関西弁を使うので、かなり濃厚な関西のオバチャン臭を漂わせていた。

そんなパメラさんと道中ずっと一緒だったので、イライラすることもあり、行きの旅はかなり疲れたのを覚えている。

余談になるがその後、パメラさんは6年近く研究室に在籍し、博士号を取得した（さらにボクにとって唯一の異性の親友になった）。その上彼女はそのあいだにどんどんやせて日本の若い女性の標準体型に近づき、キレイになっていった。ボクは、「生物の環境適応」をまざまざと観察することになったのである。どーでもいいですね、この話。

話は戻って、10時間以上の電車旅で心身ともにグッタリしていたボクたちは、次の日の朝7時に待ち合わせる約束をして横浜駅で別れた。ボクは宿泊代を浮かすために、さらに電車に乗って東京の駒場にある友人宅まで行かねばならなかった。そして、疲れがとれないまま、次の日の早朝、JAMSTECへ向かった。

ワークショップ当日は、それはそれは暑かった。ボクらはJAMSTECが、最寄りの京急追浜《おっぱま》駅から5㎞も離れているのを知らずに、タクシー代をケチり、暑さの中トボトボ歩いて行ったのだ。

そのことをパメラさんは愚痴り出した。その愚痴を聞いてムカムカしながらも、睡眠不足とひどい暑さのせいで気分最悪のボクは何も言えなかった。

目に映る横須賀市追浜の街は、なんか工場ばかりの煤けた印象で魅力ゼロだった。

「サイテーや、JAMSTEC！　周りに工場しかないやん。こんな下町っぽいところでぜったい働きたくない」

それがボクのJAMSTEC第1印象だった。

ようやくJAMSTECに辿り着き、門をくぐると、いきなり目の前に海がドーンと開けて三浦半島の緑豊かな景色が現れ、とても心地よい風が吹いてきた。

「うん？　結構景色いいなー。頼まれたら働いてやってもええかも」

それが第2印象だった。

そしていよいよ、ワークショップが始まった。ほとんどがおっさん研究者で、学生はボクらと東京大学海洋研究所（現・大気海洋研究所）の大学院生ぐらいしかいなかった。生まれて初めて参加する国際ワークショップは、ドキドキしまくりで楽しかった。論文でその名前を見たことのある外国の研究者をナマで見ることができて、口には出さないがボクは心の中で「キャーキャー」と叫んでいた。

もちろん、英語の発表はまったくと言っていいほど聞き取ることができなかったが、ほとんどの発表はすでに論文で読んでいたモノだった。4年生で研究室に配属されてから、1日1報以上は論文を読むことをノルマにしていたので、関係する分野の研究はだいたい知っていた。

ボクは留学先の指導教官になるかもしれないジョン・バロス（アメリカ人）と憧れのカール・シュテッター（ドイツ人）の絡みに注目していた。

ジョン・バロスは、1983年に『Nature』誌に「250℃でも増殖できる微生物を発見した」という論文を発表したことで一躍その名を知られるようになった。この論文は、2010年に『Science Express』誌に発表されたあの「リンの代わりにヒ素を使える微生物の発見」という論文に似ているかもしれない。多くの研究者が「ホントかよー」とか

「嘘くせー」とネガティブに受け取ったこと、そして論文発表後に反論が噴出したところが、である。

そして公の場でたびたび、「そんなのアリエネー。ワシはぜったいシンジネー、バロスはイカサマだ」と息巻いていたのがカール・シュテッターだったのである。実際、この結果は実験で証明できないため、現在は「間違い」であるとされている。さすがのボクもバロス本人の前でその話題を口にすることはいまでもちょっとためらわれる。ただ、「２５０℃でも増殖できる微生物」は間違いだったが、「２５０℃でも微生物みたいな構造物ができて、増えているように見える」こと自体は間違いではなかったとボクは思っている。

この犬猿の仲の２人が、今日この場でどう絡むのか、ボクは興味津々であった。もしかしてつかみ合いの喧嘩が始まるかもしれないとワクワクしていたが、２人は至って大人な対応を見せていた。しかし、お互いにぜったいに目を合わせることはなかった。あとで左子先生に聞いた話では、アメリカ人が固まって話をしている場では、バロスは「あの野蛮人が！」とか結構辛辣なことを言っていたらしい。

当時のボクは、研究者としてはカール・シュテッターのほうがはるかに格上だと思っていた。たしかに「微生物学者」、いや「微生物ハンター」として、彼を超える微生物学者はいないといまでも思っている。それぐらい彼の微生物ハンティングの仕事はすごいのだ。

モノでしかない。

ボクの微生物ハンティングなんて、カール・シュテッターの食べ残しを漁っているような

しかし、彼の研究室に留学していたときでさえもまったくわかっていなかったことだが、何年もあとになって、ジョン・バロスのすごさが、時間が経てば経つほどジワジワ心に沁みてわかるようになってきた。ボクが後年、「地球生物学」とか「宇宙生物学」とか、既存の研究領域の境界を切り拓こうと一生懸命もがいて、なんとなく我が進むべき道のようなモノが見えた！　と思ったとき、すでにその道には、若きジョン・バロスの足跡がいっぱい残されていたのだ。

このワークショップで、チョー生意気なボクが痛烈に感じたことがあった。それをここに書くのはすごく憚られるのだけれども、22歳の若者の偽らざる瑞々しい記憶として書き残すと、ボクは次のように感じた。

「ＪＡＭＳＴＥＣの、そして日本の研究者のレベル……低っ！」と。もちろん、当時の日本、そしてＪＡＭＳＴＥＣでは、日本の極限環境微生物学の始祖のひとりと言われる掘越弘毅先生が率いる「深海微生物研究」が始まったばかりの状況だったので、当然と言えば当然なのかもしれないが……。

しかし、ボクがワークショップで見聞きした感じでは、掘越弘毅先生や大島泰郎先生と

いった大物は独特のオーラがあって誇らしく感じたのだが、その他の研究者の発表はボクでも考えつきそうな、あるいはボクでもできそうな研究の話ばかりだった。超好熱菌の微生物学的な研究に限って言えば、ボクの研究のほうがハッキリと上だと思った。

研究を始めて1年ちょいのボクの心の中に、「日本のこの研究分野を背負って立つのはやはりボクしかいないな」という感情がメラメラと燃え上がった。なんて「ナマイキで身のほど知らずな若造よ！」と思う。でも、ボクはホントーにそう思ったんだ。

しかし、講演の合間のコーヒーブレイクや講演終了後の懇親会で、そんなボクのナマイキな思い上がりは早くも木っ端みじんに打ち砕かれた。ジョン・バロスには「留学が……したいです……バロス先生！」と伝えるのが精一杯だった。挙句、「キミは独身か？」というバロスの質問も聞き取れず、アワアワするだけで、露骨に「メンドーくさそうなヤツやのー」と思われてしまった。カール・シュテッターには、話しかけようと「アノ、アノ、アノ」と言っているうちに手でヒラヒラされて、「アッチ行け」と追い払われるシマツ。そんな中、同行したパメラさんはさすがラテンのノリを発揮してキャピキャピ可愛い娘ブリッ子全開で大物研究者に顔と名前を売り、東京大学の大学院生も先生に紹介してもらってしっかり自己紹介していて、ボクだけ完全に懇親会ハブ状態。海外のパーティーにおける典型的ダメダメ日本男児ぶりを猛烈に発揮してしまったのだ。

さらには、「ボクはなんてダメなヤツだ」と急激に落ち込んで負のデフレスパイラルに陥ってしまった（ちなみにこの部分のダメダメッぷりはいまでもさして直っていない）。「日本を背負って立つ」と意気込んだわりには、速やかに自分のダメさを認識してしまったボクは、現実逃避のタバコを吸うためにフラフラとした足取りでＪＡＭＳＴＥＣの岸壁のほうに歩いていった。長い貧乏旅行の疲れと、暑さと睡眠不足でやられた体に、興奮と落ち込みでもはや何がなんだかわからなくなった頭。そんなボクの前には、夕暮れの薄明かりと夜の闇が入り混じった静かな東京湾の海と、キラキラ光る湾岸の工場や街の明かりが重なった光景があった。とても美しい、印象的な景色だった。昼間の暴力的な暑さは和らぎ、磯の香りを含んだ涼しい風が吹いていた。

こんな素敵な光景が、心静まる海が、目の前に広がる研究所、ＪＡＭＳＴＥＣ。イイところだな、ここは。このＪＡＭＳＴＥＣが、これから日本の深海微生物研究の中心になるんだろうな。あーあ、所詮ボクなんて……。

やや自暴自棄的な感傷に浸食されながらそう思ったボクだったが、ここでまた突然、何やらアツいマグマのような感情が湧き上がってきた。なぜそんなに都合よく一瞬で気持ちを切り替えられるのか、自分でもわからない。でも、自分の負けをしっかりと噛み締めたときにこそ不思議とそれに立ち向かう元気と勇気が、カラダの奥底からフツフツと湧いてくることはこれまでにも何度も経験していた。このときもそうだった。

「見てろよ、オマエら（↑誰？）。いまは、誰も注目しないカスみたいな大学院生に過ぎないけれど、今日この場にいたＪＡＭＳＴＥＣの、日本の、そして世界の研究者たちをあっと言わせる研究をしてやる。ぜったい、オマエら（↑誰？）をギャフンと言わせてやる」

ＪＡＭＳＴＥＣの岸壁の前に広がる美しく印象的な光景を前にして、ボクは強くそう思った。ＪＡＭＳＴＥＣという正体不明の研究所を訪れて、すごい研究環境と設備が揃ったズルい研究所であることを見せつけられたこと、初めて世界の一流研究者が集まる国際集会に参加し、その雰囲気を肌で感じられたこと、留学先の先生と直接話すことができてビビりまくったこと、自分の研究が世界に通じるという根拠のない強い自信と、ダメダメっぷりを同時に感じたこと、そしてなぜか、ぜったいにやってやるという断固たる決意が芽生えたこと。それが、ボクがこの夏の日のことをいまでも鮮明に覚えている理由だった。

そして、これがＪＡＭＳＴＥＣとボクとの2度目の交わりとなった。

その4

アメリカ留学「ケンはなかなかおもしろいアイデアを持っている」

JAMSTECでの国際ワークショップから約2年が経った1994年、ボクはアメリカのシアトルにいた。

京都大学大学院農学研究科博士課程に進んだボクは、とってもイロイロ紆余曲折はあったけれど……石田先生の思惑に始まった留学をついに実現させた。博士課程の研究をワシントン州立ワシントン大学海洋学部のジョン・バロス教授に指導してもらうという名目で、1年間の留学が決まったのだ。

24歳のボクにとって、それはそれは大きなイベントだった。なんせ、生まれて初めての海外旅行が留学だった。笑っちゃうような話だが、行く前は、アメリカで銃犯罪か何かに巻き込まれて、「日本の若者、アメリカで夢散る」みたいなことまで想像して、「生きて日本の地を踏むこともないかもしれぬ」と死地に赴くような気持ちだった。「大げさなー」というツッコミが聞こえてきそうだが、それくらいウブな若者だったのだ。

ボクのボスであるジョン・バロス——ジョンは、イタリア人の父親とアメリカ人の母親を持つ、「シシリー・マフィアのゴッドファーザー」のような、一見するとかなり怖そうな顔をした研究者だった。ボクが留学していたときは40代前半だったはずだが、年齢よりももっと風格があったように感じる。口数が少なく、やや人見知りなところがあるが、スゴク愉快でやさしい人だった。そしてそのやさしさもテレながらしか見せられない、不器用な研究者だった。

何より、ボクはジョンの研究の本質的な意味づけや、方向性に関するライティングの巧さ、そして物語や論理展開能力の凄まじさに衝撃を受けた。ジョンの研究室で行われていた研究や、ボクが留学中にやっていた研究は、正直あんまり大したものではなくて、むしろ京都大学の水産微生物学研究室のほうが、はるかに研究環境や設備も整っていて、高度

留学寸前のボク（右下）。中央下段に写っているのが、水産微生物学研究室の豪腕教授石田祐三郎先生。そして、真ん中でニコリと笑っているのが、日本人女性に擬態し始めたチリの留学生パメラさん。パメラさんは、現在２人の子どもを育てるシングルマザーで、チリで私設水産研究所を切り盛りする豪腕女社長になっている。随分あとになってから、日本に留学した理由を聞いたら、「そんなん、将来のダンナを見つけに来たに決まってるやん！　タカーイさんもなかなかの有力候補だったのよ。ウフ♥」と言われて悪寒が走ったというのは彼女には秘密だ。パメラさんはボクの書いた新書を読んでしまうほど日本語が達者なので、この本は彼女に読ませてはイケない（提供：高井研）

な研究をやっていたと思う。しかし、その大したことのないはずの研究内容も、彼の研究グラント（助成金）の申請書や論文に書きつけられると、突然、まばゆいまでの輝きを放ち始めるのだ。

もうひとつ、ボクが留学中に衝撃を受けたのが、アメリカの大学におけるＩＴ化の先進性であった。ワシントン大学海洋学部の友人の学生たちは、「電子メール」とやらを使っていた。ボクが留学に旅立つ直前の１９９４年の春、京都大学の農学部でも研究用の「パソコン通信アドレスの登録うんぬん」という話があった。ボクは「オタクのやることよ」と言って小馬鹿にしていた記憶があるが、どうやら電子メールはとても便利なものらしいと知って驚いた。

ボクは、ミズーリ州の大学に通っていた彼女（現・マイワイフ）とほんの刹那電話で話せるヨロコビと高額な電話料金のクルシミのハザマで葛藤しながら、せっせとラブレターを書いていたというのに。

さらに、図書館には「メッドライン」という論文検索ツールが搭載されたパソコンが整然と並んでいた。日本では、「Current Contents」と「Chemical Abstracts」と「Biological Abstracts」という冊子を一生懸命手作業で調べて新規論文を探さないといけなかったのが、インターネットという便利なモノを使えば、あっという間に見つかるのだ。

シシリー・マフィアのゴッドファーザーのような顔をしたジョン・バロス。そしてすこしワインに酔ったボク。真ん中に写っている女性は、当時ジョンの恋人だったジョディー・デミング。現在は結婚している（提供：高井研）

それに関連して特に記憶に残っている出来事があった。友人のトム・ハンクス似の博士課程の学生ジム・ホールデン（現・マサチューセッツ大学准教授）が、「オマエの日本の研究室ってなんの研究しているんだ？」と尋ねるので、「超好熱菌と赤潮プランクトンと貝毒だよ」と答えると、「ふふん、じゃあどんな論文が出ているか調べてやるよ。オマエの指導教官の名前を言えよ」

で、コンピューターをカチカチやると「not found」という文字が画面に出た。ボクは「嘘だろ。じゃあ、×××で検索してみて」。再び「not found」。

機械がおかしいんじゃないかと思って、ボクが知っている有名な海外の研究者の名前で検索するとドーンと検索結果が出てきた。そのときのジム・ホールデンの「ふーん。オマエの研究室、大したことないね、ふふん。まあ、検索の仕方による部分が大きいけどね」

という言葉が、ボクはショックだった。

この経験が「アメリカ人にナメられてたまるか」というボクのヘンな「アメリカ上等！」精神を形成するきっかけになったかもしれない。

そして、自らワシントン大学海洋学部を選んで留学をしたボクだったけれど、実は留学当時はワシントン大学海洋学部のことをよく知らずにいた。さらに言うと、この学部のすごさを知ったのは、ボクがＪＡＭＳＴＥＣで働き始めて深海熱水の研究に没頭するようになってからのことだった。

ワシントン大学海洋学部は、言ってみれば世界の深海熱水研究の一大拠点だったのだ。海洋科学における20世紀最大の発見と言われる深海熱水活動が見つかったのは１９７７年から１９７９年にかけてのことで、東太平洋の中央海嶺と呼ばれる海洋プレート（地殻）ができる海底山脈の調査によってもたらされた。このときの「栄光の研究」チームは、アメリカのスクリップス海洋研究所、ウッズホール海洋研究所、オレゴン州立大学、カリフォルニア大学の研究者たちが中心であった。

この偉大な先達を深海熱水研究第1世代とするならば、その第1世代研究者の下で、大学院生やポスドク（Post doctoral Fellow）として研究に青春を賭けた研究者たちは、深海熱水研究第2世代と呼ぶことができる。

ボクのボス、ジョン・バロスは、この深海熱水研究第2世代のひとりであり、そんな第2世代のスターたちが集まっていたのがワシントン大学海洋学部だったのだ。

いま思い出すとたしかに、ワシントン大学海洋学部の建物の中ではいつも、深海熱水研究の超ホットな話題が飛び交っていた。ランチを食べながら行われるランチョンセミナーでは、調査を終えたばかりの撮りたてホヤホヤの深海熱水のビデオ映像が紹介され、海底火山の噴火の最新情報などが熱く語られていた。

そしてワシントン大学海洋学部は、アメリカ西海岸のオレゴン州からワシントン州、カナダ・ブリティッシュコロンビア州沖の、東太平洋の中央海嶺に点在する深海熱水域を「我が領土」として研究を進めていた。

留学中のボクは、そうしたいくつもの深海熱水域から分離された、超好熱菌の生理学的な多様性が、熱水の化学的特徴や立地条件とどう関連しているかを調べる研究を任されていた。

しかし当時のボクは、「深海熱水の化学的・地質学的な違い？　そんなんどうでもええわ！」的な考え方をしていた。むしろ、自分で実験を進めていた超好熱菌が低温（といっても50℃くらいの温度だが）に晒《さら》されたとき、冬眠寸前の状態にシフトするという興味深い現象を見つけて、嬉々としてその実験に精を出していた。

この超好熱菌の「冬眠寸前現象」が、過去の地球や海洋が冷却されてゆく過程で、超好熱菌から常温菌へと適応していった初期生命進化を理解するモデルになるかもしれないと妄想を膨らませていたのだ。

この研究妄想を、天才的ストーリーテラーのジョンに「ケンはなかなかおもしろいアイデアを持っている」とミーティングで褒めてもらったことは、ボクに自信を与えてくれた。

それともうひとつ、ボクのささやかな自慢がある。留学を終えてから、いろいろな国際学会でジョンと再会すると、ジョンはいつも他の研究者に「オレが見てきた学生の中で、ケンは一番働く学生だった。24時間営業してるんだよ。ケンには、ぜったい実験量では勝てないよ」と、半分褒めながら、そして半分バカにしながらボクのことを紹介してくれた。

ジョン・バロスの研究室とラボメイトたち。ここに写っているのは、トム・ハンクスそっくりのジム・ホールデンではないのが残念。この研究室の入り口の「Cosmomicrobiology Lab」という表札は、1988年ごろにかけられたものらしい。誰も「宇宙生物学」など想像もしたことのないような時代に、そのような研究領域の勃興を予見していたとは、ジョン・バロス恐るべし（提供：高井研）

たしかに、留学中はあまり人付き合いがなかったので、ほぼ毎日朝5時まで実験していた。昼間にかなりさぼっていたので、実際に24時間働いていたわけではなかったが、いまでもワシントン大学海洋学部には、「24時間戦える研究者ケン・タカイ」という武勇伝が語り継がれているらしく、研究競争相手として恐れられているという話を聞くと、研究者としてはちょっとだけ誇らしい気持ちになる。国際人としては、ちょっといかがなものかとも思うが。

そんな苦しくも楽しい留学生活も、残すところあとわずかになった1995年の3月下旬、前述のトム・ハンクスをプチ整形したような顔をした友人のジム・ホールデンが、ニューヨーク・タイムズを手にして、何やら興奮した様子で実験中のボクのところにやって来た。

「ケン、この記事を読んだか？」

ボクは毎日、住んでいたシェアハウスに置いてあるシアトル・タイムズのスポーツ欄と男女出会い伝言板欄しか読んでいなかったので、「なになに？」と記事を眺めた。

ニューヨーク・タイムズのそのページにはデカデカと「日本人がマリアナ海溝にフィッシュを見つけた」というタイトルと、日本のＪＡＭＳＴＥＣの無人潜水ロボット「かいこう」がマリアナ海溝最深部の調査に成功したという記事が載っていた（本当はかいこうはフィッシュを見つけていない。マリアナ海溝でフィッシュを見つけたらそれはそれで大発見モノらしいが、たしかにその記事にはフィッシュという文字があったのだ。というのをこの原稿を書くときインターネットを駆使してがんばって確認したよ）。そして、その記事とは別に、「深海の開発競争でも日本にしてやられた」というような解説記事も掲載されていた（こっちは確認できず、そういう記憶がある）。

ジム・ホールデン「おい、ケン、ＪＡＭＳＴＥＣって知ってるか？　スゲェ研究所だな。世界最深部に潜水できるロボットなんか造ってるじゃないか。しんかい６５００という有人潜水艇もあるらしいぞ。日本ってすごい技術力だな、海洋開発ではいまぶっちぎりで世界一かもな。オマエ、ここに就職しろよ。そしたらオレを招待して、潜航調査させてくれよ」

ボク「ＪＡＭＳＴＥＣ？　ああ、知っているよ。たしかに設備は超一流だね。でも研究自体は二流ってとこだな（あくまでボクのひがみの入った意見です）。でもこれって、そんなにすごいことかな？」

ワシントン大学海洋学部でオフィスをもらったボク。留学生ではあったが、一応、肩書きは「招聘研究員」だったのさ（提供：高井研）

ジム・ホールデン「すごいじゃないか。こんな機器や設備があれば、すごい研究ができるよ。それに大した研究者がいないなら、なおさら好都合じゃないか。ライバルがいないんだったら、自分の思い通りに研究できるじゃないか」

そう興奮して話すジム・ホールデンを見て、ボクは言葉では皮肉ってみせたが、内心、日本の、そしてＪＡＭＳＴＥＣの科学技術がすこし誇らしく思えた。ボクの留学中は、日本の円が世界の通貨の王様だった時代だ。アメリカでは、日本経済に対する脅威論を煽るような風潮があった。

しかし、ジム・ホールデンのような若者は、どちらかというと「日本って、技術力が高くて、経済的に裕福な国だよね。１年ぐらい高給で働いてみたい」的なノリを示すことが多かったと思う。

ボクの出身研究室はバカにしたくせに、ＪＡＭＳＴＥＣには「スゲー、スゲー」って素直に感服するジム・ホールデン。ニューヨーク・タイムズの記者を、そしてある意味アメリカという国をビビらせたＪＡＭＳＴＥＣの研究設備や環境、そしてその知名度。

ボクの中で、いつもの「クソー、ＪＡＭＳＴＥＣなんかに負けてたまるか！」という思いと、「将来ＪＡＭＳＴＥＣで研究したい……かも」という思いが初めて交錯したような気がした。

アメリカ留学中に、世界の深海熱水研究の中心であったワシントン大学海洋学部をはじめ、いろんなところで耳にしたＪＡＭＳＴＥＣの評判は、日本のそれとはまったく違っていた。

日本ですら、まだ何者でもなかったボクには、世界的にネームバリューがあり、スゴク高く評価されているＪＡＭＳＴＥＣがキラキラと眩しく見え、そこで働く人たちが羨ましく思えた。まるで、高級ブランドの服を身にまとえば、高級な人間に見えるはずだと思うように、ＪＡＭＳＴＥＣというブランドをまとって、着飾ってみたいという気持ちがあったのかもしれない。

しかし一方で、ボクはアメリカにいるあいだに、議論を尽くして研究のアイデアやデザインをしっかり固めることの重要性を知り、学生でもイッチョウマエの顔をして、主体的に研究を進めるものなのだということを学んでいた。ほぼ1年間の留学生活を終えるこのころには、まるでグラスになみなみと注いだビールのように、日本に帰ったらやってみたい研究のアイデアや実験が頭から溢れそうになっていた。それをやれば、世界中の誰にも負けないぜ。

日本に帰ろう。そしたら、俺はメチャクチャやるぜ。もはや大学の先生やＪＡＭＳＴＥ

Cなんか目じゃないぜ。胸のうちにはそんな熱い気持ちが渦巻いていた。

たった1年という短い期間だったけれども、初めての留学は、研究という世界共通言語の限りない広がりを思いっきり感じさせてくれた。そして、井の中の蛙だったボクに、とてもリアルな「大きな世界」の存在を教えてくれた。

アメリカ留学中に英語の勉強として、映画『愛と青春の旅だち』（１９８２年）を何度も見ては、「やっぱりこの映画エエわー」と爽やかな気持ちになっていたことを思い出す。シアトルの近くにある海辺の小さな田舎街ポート・タウンゼントで撮影された、リチャード・ギアとデブラ・ウィンガー演じる青春映画だ。

もう25歳になっていたボクにとって、この留学は、まさしく「愛と青春の旅だち」と呼べるモノだった（この原稿では愛の部分は省きましたけどねッ）。ボクは、旅立つリチャード・ギアになったような気持ちで、よくわからない高揚感と情熱を滾らせて日本に戻ってきたのだ。

第3話

JAMSTECへの道 後編

超好熱菌の研究にすっかり魅せられ、深海熱水研究のメッカであるワシントン大学へ留学したボクは、日本に帰ったらメチャクチャやってやるぜ！ と情熱を滾らせて帰国した。その思いも冷めやらぬまま参加した初めての国際学会で、ボクはある研究テーマを思いつく。

その1 「覚悟」こそ「青春を賭けること」

先日、とある学会で、ワタクシが長ーい学生時代を過ごした京都大学農学部がある北部キャンパスを久しぶりに再訪しました。建物の中身はだいぶ変わっていましたが、外観はすこしキレイになったぐらいで、「京都の料理屋で出される銀杏はすべて京大産である」とまことしやかに語られる立派な銀杏並木もそのままで、あの「きらきら、もんもん、ざわっざわっ」していた若盛りの日々を懐かしく思い出しました。

深まる秋の夕暮れに、銀杏並木をシズシズと歩いていると、1997年の10月にここを離れ、JAMSTECに殴り込みをかけたこと、そのJAMSTECに移ってからもう16年近くも経ったこと、などのメモリーがついつい頭を駆け巡り、

花の色は　うつりにけりな　いたづらに
わが身世にふる　ながめせしまに

現代語訳

「かつては絶世のテンサイよ、そらそうよ、と謳われたワタシも、みっともなく老けこんでしまったものね。研究費だの人事だの、雑事に気をとられてあくせく過ごしているうちに……」

思わずこんな変訳の小野小町の歌などひとりごちてしまふ秋は来にけり、という心境でした。

さてさて、この第3話では博士課程の最初の1年間をアメリカで過ごし、まるで『愛と青春の旅だち』のラストシーンのリチャード・ギアになったような気持ちで、よくわからない情熱を滾らせて日本に戻ってきたワタクシが、その後様々な紆余曲折を経て、箱根の関所を越え、ついには横須賀にあるJAMSTECへの道場破りに至る――。そんな山あり谷ありの道のりについて語ってみたいと思います。

そもそもこの本ではウレシハズカシ、爽やかで愉快なんだけれどもホロリもあるヨ、といった4畳半的青春小説風の話をバシバシ書き進める予定でした。というのも、ワタクシ自身、この本をどのような方が読んでくれているのかよくわかっていないのですが、執筆前の打ち合わせでは中学生から大学院生ぐらいの年齢層のワカモノをターゲットにしようという目算があったからです。その狙いが当たっているかは定かではありませんが、ワカモノが目を通してくれているといいなあと願っています。特に、今回の話は、理系大学生や大学院生に読んでみて欲しいなあと。

というのも、一般の人にはあまり知られていないかもしれませんが、ちょっと前から日本の科学系研究者たちのあいだで、やや問題視されているいくつかのトピックがあるのです。

そのひとつに「若手研究者キャリアパス問題」などと呼ばれるモノがあります。要は、科学に携わる者としてどう人生を生きていくか、どのように職業を選択していくかといったことなのですが、そのような選択をしなければならないとき、ワタクシの若気の至りや精神構造なぞが、すこしでもワカモノたちの参考（悪見本）になればいいなと思ったりするのです。

バブル絶頂期から末期に研究に携わる若者であったワタクシを例にすると、学部や大学院の仲間のうち、マトモな思考を持ち、そこそこなんでもできて、メハシの利くマジョリティ層は、一般企業への就職を希望していました。だって世の中バブルなんだもん。

一方、研究職希望組もしくはドロップアウト組といえば、一芸に秀でているけどメハシの利かない専門バカ系、コミュニケーション能力が欠如しているマニア系、情熱人生ギャンブラー系といった変わり者ばかりの少数派だったのです。そして、一番おもしろみに欠ける安定志向メガネ君たちがコッカコームインやチホーコームインを目指すという傾向があったような気がします（あくまで当社調べ）。

つまり、「将来研究の世界で食っていくぜ」なんてことを言うヤツらは、ハナっから一般社会の最大公約数的なシアワセとは無縁のイバラの道を歩む覚悟をしており、「研究以外、特に何も考えていましぇーん」という感じのツワモノが多かったような気がします。

ワタクシの1学年後輩のノムラ君なぞ、大学4年生の研究室配属時にすでに「研究がうまくいかなくて外国のスラム街の片隅で野垂れ死んでも、我が生涯に一片の悔いなし!!!」と北斗神拳の世紀末覇者ラオウばりの名言を残しておりました。つまりワタクシも含めて、周りには「成功も失敗もすべて自己責任よ。だから自分の好きなようにやるし、指図は受けないぜ」という、はた迷惑な考え方の人間がゴロゴロしていました。

1990年代の末から、日本では、「科学技術立国にむけた博士課程大学院生増加」や「ポスドク1万人計画」というような国策が推し進められ、博士課程の大学院生やポスドクと呼ばれる任期制研究者の数が大きく増加しました。

しかし、そのキャリアの先にある大学や公的研究機関の研究職のポストの数はというと、大学院生やポスドクの増加に見合うだけ増えたわけではなかったのです。もちろん他にも問題点は多いのですが、これが若手研究者キャリアパス問題の本質です。

この問題は、もちろんワタクシのようなノーテンキな研究者が「我が秘策をもって解決」できるような簡単なモノではないのですが、一般企業も含めた研究社会における職の流動性をいかに確保するかということが重要視されていることは間違いありません。

つまり、任期職（ポスドクや任期制助教と呼ばれる、数年で次のポジションに移っていかねばならない研究職。ＪＡＭＳＴＥＣの研究職もほぼこれです）をどんどん渡り歩いて行けるサイクルが活性化し、そのサイクルから分岐する流出先（終身職）もそこそこ増え、そのサイクルと流出の流れがスムーズになれば、流入して来る人口が大きくなっても、サイクルは回り続け、結果研究社会全体の人口も拡充できる、という考えです。

たしかにそれはそうかもしれません。そして、国の科学技術基盤の拡充を目指す方向性というのも理解はできます。

しかしワタクシの極めて個人的な意見をぶつけさせていただくと、若手研究者キャリアパス問題の本質は、制度上のモノではなく、むしろ関わるニンゲンの意識の問題のような気がするのです。

先ほど紹介したように、ワタクシが学部生や大学院生だったころは、博士課程に進学し、ポスドクを目指すのは「成功も失敗も自己責任なんだよ」とのたまうごく少数の覚悟派でした。しかし、現在はというと、マトモな思考を持ったメハシの利くマジョリティ層に属する多くのワカモノが、「背水の陣を敷く覚悟」という通行手形を持つことなく博士課程に進学し、ポスドクまで進むようになりました。若手研究者キャリアパス問題というのは、それによって顕在化してきたような気がするのです。

もちろんワタクシ、覚悟を持たなければダメだと言うつもりは毛頭ないのです。むしろ、どんどんこの世界に足を踏み入れて欲しいと思っています。前述のノムラ君の名言に表されるような、やや時代錯誤的な覚悟がなければ博士課程に進学できない、職業研究者にもなれない、大学の先生にもなれない。そんなガチムチの世界は楽しくないし、そんな業界の未来は不安になります。人間の文化・芸術活動としての「科学」の美しさや奥深さを感じることができる心、あるいは科学技術をどのように人間社会に役立てるかというようなことを考えるのに必要な創造性や応用力など、「断固たる決意」だけでなく「心と思考のヨユウ」も研究者には必要だと思います。

ただ、若かりしワタクシのような情熱人生ギャンブラー系や研究一直線系の、覚悟を決めたワカモノたちがワラワラ蠢く世界に自分はやって来たのだという「これは訓練ではない。戦場に足を踏み入れたのだ」という自覚は必要でしょう、ズバリそうでしょう。

ワタクシが生まれた年に製作された『明日に向って撃て！』（１９６９年）という古いアメリカ映画があります。ポール・ニューマンとロバート・レッドフォード演じる愛すべき西部の荒くれ者たちの人生を描いた作品ですが、彼らは、時代が移り変わろうとも、自分たちの生き方を変えることのできない不器用な男たちでした。最後は、その不器用さゆえに美しく散っていく。機会があればぜひ一度観て欲しい映画です。

やや時代錯誤的に、〝覚悟を決めた〟ワカモノとか言っていたら、ついつい『明日に向って撃て！』の主人公を思い描いてしまっただけで、特に深い意味はありません。

が、博士課程に進学しポスドクまで進むということは、ある意味、『明日に向って撃て！』的なワカモノたちと同じ土俵で勝負しなければならないということなのです。その道に進もうとする者も進ませようとする者も、その意識を持つこと。若手研究者キャリアパス問題を解決するひとつの鍵が、そこにあるような気がするのです。

とかなんとか、「私のオピニオン」みたいなことをエラソーに書いてしまいましたが、ぶっちゃけて言うと、現在の日本における若手研究者キャリアパス問題なんかに特に限定しなくとも、ワカモノがどう人生を生きるか、どのように職業を選択してゆくかということで苦しむのは、時代や国を超えいつも「いまそこにある現実」でしょう。その現実を前にして覚悟や意識を持つことこそ、まさしく青春を賭けることと同義のような気がします。そして、それは人生を歩む上でつねに必要なことではないでしょうか。

その2

ヌルすぎるぞ、オマエら！　――反抗期の博士課程

アメリカ留学から高揚感と情熱を滾らせて日本に戻ってきた博士課程2年生のボクは、大学の研究室の雰囲気に、昨今のプロ野球選手御用達の便利な言葉「違和感」のようなモノを感じていた。

「ヌルイ！　ヌルすぎるぞ、オマエら！」

研究室の、まるで小春日和の午後のような弛緩した空気。留学前には特に感じなかったそれが、堪らなくイヤに感じるようになっていた。またその違和感は、必ずしも学部生や大学院生だけに対してのモノではなく、研究室の先生にも持っていた。

その違和感とともにボクは、これからは京都大学農学部海洋分子微生物学研究室（改組で名前がすこし変わった）の「左子先生の学生1号」ではなく、「海洋分子微生物学研究室のタカイ」として生き抜いていかないといけない！　と猛烈に感じ始めていた。

いま振り返ってみると、これが一種の「親離れ」なんだろうと思う。親子のあいだでも、子どもが親に対して嫌悪感や反抗心を覚えたり、独立心が芽生えたりする時期があるよう

に、研究室の師弟関係においても存在して当然のモノだと思う。むしろこれがないと、研究者としての独立心、独創性を大きく飛躍させるきっかけがなかなかつかめないのではないか。

そして重要なのは、弟子にとっての「親離れ」と同時に、師匠の「子離れ」も大事だということ。これをうまくコントロールできない師匠は、研究上のささくれだった対人モンダイを起こしやすいかもしれない。

左子先生は、そんな反抗期ツッパリ大学院生のボクをうまくいなしていたと思う。もちろんボクも「博士号授与」という生殺与奪のタマを握られていることはジュウジュウ承知していたので、むやみにツッパっていたわけではなく、左子先生と微妙な距離を置くようになっていた、というのが正確な表現かもしれない。

オトナの階段の〜ぼ〜る〜な心のヒダヒダはともかく、あと約1年半のうちに、博士論文を仕上げねばならないという現実も差し迫っており、ボクはあくせくと実験に打ち込む毎日を過ごしていた。

博士論文のテーマは、アメリカ留学中にイロイロやってみたいアイデアが湧き上がっていたが、第2話で紹介した先輩の長崎さんの「博士研究は決して君のライフテーマではない。博士号とは所詮、運転免許のようなモノである」という教訓を胸に、最短距離でゴールに辿り着ける題材を選んだ。それは修士課程のころから取り組んでいた「超好熱菌のタンパク質の熱安定性」についての研究をさらに進めることだった。ボクが研究を始めたころ、このテーマはまさに全世界的な盛り上がりを見せていた。

60~70℃ぐらいで生きられる好熱菌（「超」がつかない普通の好熱菌）のタンパク質の熱安定性については、その10年ほど前から研究が盛んに行われていたのだ。なぜかというと、タンパク質が高温でもカチカチにならない「魔法のような法則」＝「20種類のアミノ酸の並び方の法則」があるに違いないと考えられていたからで、その法則がわかれば「熱湯の中で煮沸消毒してもナマ卵のままで、いつでもどこでも卵かけごはん！」という卵かけごはん好きにはたまらない夢のような生活だけでなく、「いろんな産業にもバリバリ応用できる夢のタンパク質が創れるようになる」という未来予想図を多くの研究者が描いていたからだ。

残念ながら、ボクが修士課程に進むころには、その「魔法の法則の夢」はすでにむなしく散っていたのだが、それなりの原理は解明されていたので、ひょっとするとかなり先の未来には可能かも？　という一縷の望みがまだ残されていた。

ところがだ。１９８０年代の半ばから、海の熱水環境などから、１００℃以上の高温でも生きられる「超」好熱菌がバシバシ見つかった。そして、そのタンパク質の熱安定性についても研究が進むと、研究者が抱いていたかすかな期待も完全に打ち砕かれてしまった。超好熱菌は、普通の好熱菌のタンパク質とは全然違うやり方で、より高度な耐熱性を獲得しているということがわかった。ボクの博士課程時代はそんな最新の研究結果が、毎週のように論文で報告されていたのだ。

「時代はタンパク質のX線立体構造解析なんじゃあ！　構造生物学なんじゃあ！」と、ボクにもいつもの短絡的マイブームが到来していた。ボクの研究欲求は、「生命の起源や太古の生命を解明したい」という原初の想いとは、かなり離れた場所を漂流教室（by楳図かずお）&野性の風（by今井美樹）していたと言えよう。

超好熱菌のタンパク質の熱安定性についての最新の研究成果に触れるたび、ボクは興奮していたが、自分の研究を客観視できるもうひとりの〝冷静なボク〟は焦ってもいた。どんどん新しいことがわかり、共通原理みたいなモノも見え始めつつある状況の中で、「自分の研究はどうよ？　カスみたいなものなんじゃないか？　カスとまでは言わんが、定食についてくる黄色いタクアンぐらいなんじゃないか？」と。

「自分の研究、ダサダサかも」と「いや、まだまだ切り込める余地がある」という2つの思いの狭間で生まれる葛藤を振り払うかのように、「激しく実験→生活費を稼ぐためのアルバイト→彼女とデート・ケンカ・仲直り→合間に研究論文執筆→寝る→スタートに戻る」という極めて過酷な生活を続けていた。

そうやって書きためた研究論文が5報近くになり、指導教官の机の上で長らく発酵させたあと、賞味期限ぎりぎりで研究雑誌に投稿されるようになった博士課程3年生の夏、ボクの研究生活の大きな転機となる出来事があった。

博士課程3年生の夏と言えば、そろそろ博士論文の全体像が見えてきて、その年度にちゃんと博士号を「ごっつあん」できるかどうかがだいたいわかるころである。ボクはあるタンパク質の熱安定性についての解析と考察をひと通り終え、研究論文も何本か書いていたので、左子先生からも「アトはその遺伝子が釣れたらくれてやるわ！」という言質《げんち》を引き出していた。

というわけで、いままでの成果を国際学会で発表しようと思い、アメリカのジョージア州アセンスにあるジョージア大学で行われるThermophiles'96に行くことにした。

それと「博士号ごっつあん」となると、当然その先の「職」をどうするか、という若手研究者キャリアパス問題を考えないといけないわけである。「よっしゃ、いっちょ、Thermophiles'96で、グローバル就活するかー！」という思惑も少なからずあったのだ。

Thermophiles'96には、ジョン・バロスをはじめ、ワシントン大学の友人たちはもちろん、アメリカ留学時代に顔見知りになったアメリカやフランスの研究者もたくさん来るので、この機会に「ワシントン大学のポスドクでも、他のアメリカやフランスの大学のポスドクでも、バッチこーい！」とボクは自信満々だった。

26歳のボクやるね。いいよ、いいよ、そのバイタリティー。

そのバイタリティーの源とも言えるかもしれない、バカにできない「前提」がボクにはあった。それは、この国際会議の参加費やら交通費はすべて、極貧学生だった自分の生活費から捻出しているということだ。

当たり前の話だけど、ボクは修士課程のときから、親からの金銭的な援助は一切受けていなかった。もちろん家がビンボーだから当然なのであるが、たとえ裕福であったとしてもおそらく同じことだったと思う。同級生たちは、すでに一人前の社会人として働いているのに「生命の謎」なんて人様の役にも立たない「世迷いごと」にうつつを抜かしている以上、自分の生活は自分でなんとかするというのが、「オトナ」としての最低限の務めだと思っていた。

もちろんその最低限の務めは、いまはなきニホンイクエーカイ様（現・独立行政法人日本学生支援機構）のありがたい奨学金によって大部分を支えられていたわけではあるが。

高校生のときから博士課程修了までに、ニホンイクエーカイ様からつまんだ借金は800万円以上に膨らんでいたという驚愕の『ナニワ金融道』的事実はさておき。

ふははは、若いころの借金は、オトコのカイショーよ!(そしてボクは社会制度上免職ではないと判断されて、いまも感謝の気持ちを込めて毎年ガッツリ返済しています)

ともかく、奨学金とアルバイトで爪に火をともすような生活をしていたボクにとって、自腹で国際学会に行くからには「ぜったい、モトはとらないと!」という切迫感があった。

この「むちゃくちゃイターイ自己投資」が、英語もろくにしゃべれないけど、ボクの恐ろしいまでの積極性の何よりの原動力だったのだ。

さらにボクは木下藤吉郎ばりの秘策まで用意していた。実はジョージア大学には、アメリカ留学中に国内学会で一度訪れていたのだ。そのときボクは、人生で唯一の体験である「ノーマルじゃない男子」との夜デートというとても苦酸っぱいケーケンをしていて(詳しくは334ページからの「外伝」で)、その街は忘れられないぐらいよく知っていたのだ。

「あの忌々しいクソ田舎街、クルマがなければ食事すら、にっちもさっちもいくまいのー。ワシもクルマがないばかりに恐ろしい目に遭ったんじゃ。ここはワシがレンタカーなぞ用意して、迷えるジャパニーズ権力者どもの従順なアッシー君と化せば、ただメシにありつけるだけではなく、将来のキャリアパスの取引の保険ぐらいにはなるじゃろうて。ゲフゲフ」

黒い……。なんて黒いんだ……26歳のボク。もちろん、これは本当のボクじゃない。おもしろおかしく脚色しただけである。

ともかく、そんな黒い野望を胸に秘めつつ、ボクは世紀末覇者ラオウばりのノムラ君と一緒にアメリカへと旅立った。

その3　この研究を深海熱水でやりたい!!

Thermophiles'96は、ボクが初めて参加する本格的な国際学会だった。そして、夢のような時間でもあった。論文でその名を覚えた有名研究者たちが、ゾロゾロ出てきて発表を行っている。

「あの人のプレゼン、カッケーなあ」とか「うわー、もうそこまで研究進んでんのー!」とか、いちいち感動しながら、ときどき手を挙げてつたない英語で質問したり、発表後に登壇者に話しかけに行ったり、ボクはすこぶる積極的だった。いまの自分から見ても、あのときのボクは素晴らしいガッツの持ち主だったと褒めてあげたくなる。

木下藤吉郎作戦も、ばっちりキマった。将来のキャリアパスの取引の保険になったかどうかはわからないが、多くのジャパニーズ研究者と（少なからず大物研究者とも）仲良くなれた。

ボクの秘策の餌食となった大物ジャパニーズ研究者。写真には、超好熱菌の大物研究者、今中忠行先生（現・立命館大学生命科学部生物工学科教授）が写っている。今中先生とノムラ君とともにアトランタにある「ホットランタ」（名前が醸し出すメンズドリーム感からどんなお店だったか賢明なる読者には想像できよう）を目指した小旅行中の写真（提供：高井研）

もちろん口頭発表だけじゃなく、ポスター発表も全部見た。多くの発表は、そのときボクが研究していた超好熱菌に関するモノだった。可愛い女の子の発表なぞ、意味もなく絡んだりして、国際的な若手研究者気分を味わっていた。自己投資してよかったー。

とあるポスターの前に人だかりができていた。そのポスターのタイトルは、「Some more like it cold（〝冷たいのがお好き〟なのがもっとたくさん）」。発表していたのはクリスタ・シュレパーという若いドイツ人女性だった。

古細菌（アーキア）は１９８０年代まで、温泉や深海熱水のような高温環境に生息する超好熱菌のグループと、酸素がまったく存在しない土壌や、湖や海の深い泥の嫌気環境に生息するメタン菌のグループ、そして陸上の湖が干上がった塩湖や海水から塩を作る塩田のような環境に生息する高度好塩菌のグループが知られるのみだった。つまり古細菌は基本的に「何もそんなに厳しいトコロに生きなくてもいいのに……」と思ってしまうような極限環境にしか生息していないと考えられていた。特に古細菌の二大政党（分類群）のひとつである「クレンアーキア」に属するものは、高温環境にしか生息していないと信じられていた。

ところが１９９０年代のアタマに、クレンアーキアの一部は高温環境だけでなく、カリフォルニア沖の沿岸海水や、北極、南極海、そして深海にもかなりたくさん生息しているということがわかった。微生物学界のスーパースター、エドワード・デロングをはじめとする微生物生態学者たちが、分子生態学的手法という新しい方法論を導入することによってそのことを発見し、いくつかの論文が『Nature』誌に発表された。つまり、古細菌には熱い環境が好きなヤツラだけじゃなく冷たい環境が好きなヤツラもいる、というわけで解説記事には「Some like it cold」とタイトルがつけられ、話題になった。もちろん『Some

Like It Hot』=マリリン・モンロー主演の『お熱いのがお好き』のパロディだ。

さらにその後、ノーマン・ペースという大物微生物生態学者が、イエローストーン国立公園の温泉で、デロングと同じような手法を用いてそこに生息する古細菌の多様性を調べたところ、それまで知られていた超好熱菌とは全然違う、ヘンで、起源が古そうで、めちゃくちゃ多様な古細菌がわんさかいることを発見した。その論文の解説記事のタイトルは「Some more like it hot」(お熱いのがお好きなのがホットモット)。

そして目の前にあるポスターは、冷たい海だけではなく、冷たい湖にもそういうタイプの新しい古細菌がいるということを発表するモノだった。だから「Some more like it cold」。ボクも当時流行し始めたそういう微生物生態学的研究についてよく知ってはいたのだが、「ヘッ、何が分子生態学だよ、遺伝子の配列だけで何がわかるっちゅうんだよ。微生物は機能が重要なんだよ。遺伝子配列みたいな血の通ってない結果なぞ、誰も興味持たんワイ! ヘッ、ナメンなよ!」という好戦的タイドで接していた。

そしてクリスタ・シュレパーにもつたない英語で同じような内容のこと(「ヘッ、ナメンなよ!」は英語で表現する能力がなかった)を言って、ケンカを売ったんだ。

クリスタ・シュレパーは、ひどいドイツ語なまりの英語で「ワタシは学生時代ずっと超好熱菌の生化学の研究をしていたの。そしていま、ノーマン・ペースの下でポスドクをしながら、こういう研究をしているの。だから、アナタの言うことはよくわかるわ。でもケン、こういう未知の古細菌が、そこら中にいっぱいいるんだと思うと楽しくならない？　ワタシたちが明らかにすべき古細菌は、まだまだたくさんいるのよ」と言った。その彼女の言葉は、ボクの心の敏感なところにズシンと響いた。

　クリスタ・シュレパーは次から次へとやって来る見物客を相手に、楽しそうに自分の研究を語っていた。ボクはその姿を見て、とても羨ましく感じた。自分のポスターなんて、パラッパラッと同業者が見に来るだけなのに、彼女の発表には、いろんな分野の研究者が「押すな押すな」の状態で殺到している。会場でも一番の集客だった。そしてやって来る研究者たちもみんな、エネルギーに溢れていた。

「あんな研究、ボクでもいますぐできるのに」。激しく嫉妬しながらも、楽しそうに語る

ボクのポスター。ダサダサですねえ。当時はまだ１枚刷りみたいな便利なモノはほとんど登場してなかったとしても、ヒドイ！　ボクのポスターの閑散ぐあいに比べて、クリスタ・シュレパーのポスターは見物客ですごい熱気だった（提供：高井研）

クリスタ・シュレパーの姿を見ているうちに、「たしかにこれは新しい分野だ。ボクたちの時代の研究分野だ」と、ボクの気持ちも変化してきた。そして、「ヘッ、ナメンなよ!」的タイドから転向してしまった。

次の瞬間、ボクは閃いた。

「この研究を深海熱水でやりたい!!!」

深海での古細菌の研究例はそれまでにもあったし、先ほど書いたイエローストーン国立公園の温泉の研究は「最古の古細菌のグループを発見か?」という論調で報告されていた。しかし、どちらもまだ1例だけだ。最も起源の古い細菌を探すなら陸上の温泉より深海熱水のほうがおもしろいに決まってる。

なんてったって、深海熱水は生命誕生の場の最有力候補だかんな。それこそ最古の古細菌どころか、細菌(バクテリア)と古細菌(アーキア)に分かれる前のまだ見ぬ始原的微生物だっているんじゃないか。うおぉぉぉぉ。

モーレツに妄想が膨らんでいった。なんとしてでも世界の誰よりも早くその研究がしたい。ううっ、もう我慢できないっす。

そのとき、いつの間にか隣にいた日本人研究者が、ボクに話しかけてきた。「こういう研究って、やけに盛り上がってるねー。で、実際どうなの? ハハッ」。やたらと軽い調子の問いかけだった。

「オレだって、いままさにわかり始めたマイレボリューションなんだよ！　どうなの？って、知るか！」と思いながらその人を見やると、その人はボクの「あの暑い夏の日の思い出」である、初ＪＡＭＳＴＥＣ紀行（第2話参照）のときに見かけたＪＡＭＳＴＥＣのカトーさんだった。

カトーさんは好圧微生物の研究でブイブイ言わせている人だった。ものすごく親しみやすい人なんだけど、「日本ではＪＡＭＳＴＥＣが一番よ、そらそうよ」と、風を吹かしていたイメージがあったので、ボクは「ヘッ、ナメンなよ！」と思っていたのだった。

でもこの国際学会で再会したカトーさんからはそんな感じは受けなかったので、ボクはカトーさんに、ついさっき思いついたばかりの研究アイデアを、まるで長年温めてきた秘策のように、熱く熱く語ってみせた。

そして最後の最後に、「まあこういう新しい研究ができるのは、日本の若者の中でも、深海熱水の研究をワシントン大学でやっていたボクぐらいしかいないと思いますよ（嘘）。ＪＡＭＳＴＥＣでボクを雇いませんか？　ボクにぜひこの研究をやらして下さい!!!」とハッタリをかけてみた。

本当のことを言うと、クリスタ・シュレパーのポスターを見るまでは、ＪＡＭＳＴＥＣ

は、将来の職場として、ボクの志望先でもなんでもなかった。すごい研究機関だとは思っていたけど……アメリカ留学中にはチラッといいなあと思ったのも事実だけども……やっぱり、JAMSTECに対しては「設備は超一流、研究は二流」（すみません。26歳のボクの偽らざる気持ち）という思いが強くて、「へッ、ナメンなよ！」と思っていた。でも、分子生態学的手法を用いた深海熱水微生物の多様性研究は、当時の日本においてはJAMSTECでしかできないのはボクの目にも明らかだった。だからボクは瞬時に自分を売り込んでしまったのだ。

「ふーん、じゃあ来年から来なよ。やればいいじゃん。ハハッ」

恐ろしく軽い返事がカトーさんから返ってきて、ボクはびっくりしてしまった。

「えーとデスね、ボクはいま、人生を左右する大きな選択に際してデスね、かなり重要なご相談をあなたに申し上げているわけでして、そのデスね、ネコの子どもをもらってくれと頼んでいるわけではなく、ええ、大の大人を雇えと申し上げているのですが……。……ホントだな？　その言葉に二言はねえな？」

そう言いたかったが、あまりの驚きに言葉が返せなかった。

その日は、何がなんだかよくわからず、ボーッとしたままだったが、次の日はもっとびっくりする事態になっていた。

カトーさんが学会に参加している他の日本人研究者を連れてきて、「紹介します。来年からウチに来る予定のタカイ君です。ジャーン」なんて言うのだ。ボクは、開いた口がふさがらなかった。えっ、嘘。いつ決まったの？

ボクは事態の展開の早さについていけなかった。ホントなの？　ホントに来年からJAMSTECに行っていいの？　こんな軽いモノなの？　カトーさんって、妄想癖ないよね？

さらに、カトーさんは畳みかけてきた。

「タカイ君。来年からウチに来るなら、やっぱり大ボスの掘越（弘毅）先生に挨拶しないとね。今晩、掘越先生がアトランタに着くから一緒に空港に迎えに行こうよ。タカイ、クルマ出せや」

結局、クルマを出す必要はなくなったが、その日の夜遅く、掘越先生を迎えにボクもアトランタ空港に行くことになってしまった。なんか、ボクの身の周りで、激流が渦巻いているのを感じた。というか、ジッサイ激流に呑まれて翻弄されていた。そして、空港で初めて掘越先生に挨拶をしたとき、またカトーさんが例の軽い調子で「ハハッ、紹介します。来年からウチに来る予定のタカイ君です」と言った。

掘越先生は、「ギラン」と目を光らせた。ボクは「値踏みされている」ということがすぐにわかった（掘越先生は、昔の偉い大学教授然とした雰囲気を残した人なのでものすごく威厳があるが、普段はとても気さくな方だとのちのち知った）。

ボクは掘越先生の眼光にすっかり萎縮してしまったが、すぐに「ナメられてはいかん！」と自分を鼓舞した。しかし、掘越先生の底の見えない感じは、カトーさんの軽さとは絶対的に相容れないようにも思え、ボクは自分がいまどのような状況に置かれているのかよくわからず、狐につままれているような気分だった。

こうしてボクにとって初めての、興奮に溢れ、いろんなコトが起こり過ぎた激動の国際学会は終わった。ボクの未来は視界良好なのか暗中模索なのかわからなかったけれども、まずやらなくてはならないのは博士論文を仕上げることだと自分に言い聞かせ、バタバタと帰国の途についた。

その4 タカイ君、騙されてるんちゃうやろな？

京都大学の研究室に戻ると早速、左子先生にコトの成り行きを説明した。左子先生は開口一番、「JAMSTEC？　あそこ行きたいんか？　でもタカイ君、騙されてるんちゃうやろな？」と言った。ボクは「またまた。嫉妬しちゃってー。自分の学生が外の世界に飛び出そうというのに、もうすこし喜んでくれてもいいのになあ」なんて勝手なことを思ったりした。

そして普通は、これでスンナリJAMSTECへの道が決まったと思うでしょう。ところが、この左子先生の心配が的中するんですねぇ。

激動の国際学会から数ヶ月が経った。ボクは博士論文の追い込みに忙しくしていたが、JAMSTECの話はどうなったのだろうか……と時折気にしていた。だが、なんとなく自分から連絡するのはためらわれた。

それは、自分は本当にJAMSTECに行きたいのだろうかという疑念を払拭できずにいたからだった。あのとき、急激に盛り上がって思わず口をついて出た言葉が、あれよあれよという間に事態を急転させたことに未だ自分の心が追いついていなかったのだ。それともうひとつ気にかかるのが、研究の中身について、カトーさんと深い議論をまったくしていなかったことだった。

そして、ボクにとって生涯忘れることのない日がやってきた。その日ボクは、日本学術振興会から、次年度から特別研究員として採用するという通知を受け取った。つまり、日本学術振興会のポスドクとして、所属する京都大学の研究室で3年間自分が申請した研究をしてよろしいという通知を受け取ったわけだ。

晴れてプロの研究者として、アルバイトをせずに研究だけに集中してメシを食っていけることがわかったのだ。毎月毎月お金の心配をしてビクビクするのとも、これでオサラバだ。

その嬉しさは、いまでも忘れない。「『このテーマがいいね』と君が言ったから11月7日はガクシン記念日」とパクリ歌を詠みたい気分だった。そして家族やこれまでの自分を支えてくれたあらゆる人たちに感謝した。

大好きな研究をして、人並みの生活をしていけるなんて、経済的にとても苦しかった大学院生時代からは想像もできない最高のシアワセだった。9年間に及ぶ大学生活のほぼすべての授業料を免除してもらい、奨学金のおかげでなんとかここまでやってこれたのは、大学や社会の救済制度という恩恵があったからこそで、多くの人から受けた様々な支えのおかげだと思った。将来、自分がどんな身分になっていようとも、その純粋な感謝の気持ちだけは決して忘れずにいようと誓った。

しかし、ボクにはカタをつけなければならない問題があった。そう、ＪＡＭＳＴＥＣのアノ話だ。その答えを出すには日本学術振興会のポスドクをとるか、ＪＡＭＳＴＥＣに行くことにするか、決断をしなければならなかった。

ボクは、ＪＡＭＳＴＥＣの話は断ろうと決めた。理由はいくつかあったが、一番大きなポイントは、先ほども書いたように、ＪＡＭＳＴＥＣの微生物研究の中身や研究室について、よく知らなかったことである。海外での存外に高い評価以外には、「しんかい６５００」や「かいこう」、そして高温高圧培養システムがあるということぐらいしか知らなかった。深海熱水の研究をあきらめきれない気持ちはあったけれど、高温環境の微生物生態の研究なら、京都大学でも十分にできるし、自分でやってみたいと考えていることもあった。

長い逡巡の末、ようやく意を決して、ボクはカトーさんに電話をかけた。

「京都大学のタカイです。あのー、アメリカの学会のとき、お誘いいただいた件で電話しました」

「あー、あの件ね。うんうん、覚えていますよー。でさー、申し訳ないんだけど、あれからあの話ねー、なくなっちゃったんだよねー。なんか、今年は人採れないとか言われちゃってサー。ホントごめんねー。でもさ、あのー、科学技術振興事業団というところにね、外部資金のポスドクっていうのがあるんだよ。どうしてもＪＡＭＳＴＥＣに来たいならアレに応募しなよ。じゃ幸運を祈ります」

おぼろ気な記憶ではあるが、できるだけ忠実に再現してみた。

「ゴラァー、カトー！　なめとんのかー！　あれだけ軽ーく、簡単に話を進めるだけ進めておいて、話を終わらすのもいきなりかい！　ぜったいに許さない！　ダメぜったい！」

ボクは心の中で叫んだ。

カトーさんの弁護をするなら、ＪＡＭＳＴＥＣのようなところは1年1年、コロコロ様々に方針が変わるわけで……。いまのボクならよくわかる。いろいろやむにやまれぬオトナの事情があったんでしょう。しかし、イタイケな若者が、そんな事情を理解できるだろうか？　いやできない（反語）。

まあ結果としては、両者の思惑は一致したことになるのでしょうか。怒りにワナワナと震えるボクとＪＡＭＳＴＥＣを結ぶ運命の糸はこれでスッパリ切れて、二度と交差することはなかった……というエンディングになるはずだった。

しかし、このカトーさんの電話は、むしろボクとＪＡＭＳＴＥＣを堅く結びつける「運命の糸」でもあったのだ。電話を切ったあと、ボクの心に大きな変化が起きた。それまではどちらかというと「ＪＡＭＳＴＥＣ？　うーん……」と思っていたボクだが、この電話で一気に反骨心がメラメラと燃え上がってしまったのである。

「くそー、ＪＡＭＳＴＥＣめ。オレをコケにしやがって、ナメやがって！　キィー！　よしこうなったら、意地でも科学技術振興事業団とかいうところのポスドクに応募して受かってやる。そして見ていろ。さんざん期待させたところで、今度はオレがあっさりフって、泣かしたるわ」

こうして、ＪＡＭＳＴＥＣへの復讐を誓い、ボクは27歳を迎えた。博士号を無事に取得し、デート・ケンカ・仲直りを繰り返した女性が妻となった。そして晴れて日本学術振興会のポスドクとして、１９９７年の４月からプロの研究者としての第１歩を京都大学の研究室で歩み始めた。

京都大学でキャリアをスタートさせたボクだったけれども、５月には３つのポスドク研究員の申請書を書いていた。ひとつ目は日本学術振興会の海外研究員の申請書。２つ目は理化学研究所の基礎科学特別研究員の申請書。そして３つ目は、忌まわしき記憶も生々しいＪＡＭＳＴＥＣを対象にした科学技術振興事業団の科学技術特別研究員の申請書だった。

京都大学での日本学術振興会のポスドクの職が不満だったワケではなかった。研究自体はうまくいっていて、アメリカの学会で突如思いついた「そうだ、分子生態学的手法による熱水微生物の多様性研究をやろう！」というアイデアを形にするべく、まずは日本の浅い海の底の熱水活動や、イエローストーン国立公園とは条件が異なる日本の温泉をフィールドに研究を進めていた。そして、シメシメ……な結果も出始めていた。

しかしどこかで、6年間も過ごした研究室にずっといるのはどうかという気もしていたのだ。少なからず、研究室の先生たちに「行き遅れ」的な印象を持たれているなとも感じていた。

そんなわけで、できることなら早く京都大学の出身研究室を出たいという気持ちが、この申請書ラッシュにつながった。

調子に乗って書いた3つの申請書は、同じぐらいの時期に、早々に一次審査合格の報がきた。ボクは「もしかして申請書書きのテンサイ降臨？」と有頂天になった。日本学術振興会の特別研究員の申請書から数えて、4連続で審査を突破したのだから、多少いい気になるのは仕方がないだろう。しかし後年、ずいぶんおっさんになったボクがそれらの申請書を読み返したとき、「うわ、ダサッ！　めちゃくちゃへたくそやん」と思って、かなり凹んでしまったことなど、このときのボクは知る由もない。

ボクは3つの申請書の次のステップに向けて動き出した。理化学研究所の面接と希望研究室の訪問、続けてＪＡＭＳＴＥＣの面接という2つの旅程をまとめて、「関東制覇遠征計画」を立てた。

残るもうひとつの日本学術振興会の海外研究員の希望先は、ボクの憧れるスーパースター微生物学者、エドワード・デロング（通称：エド様）の研究室だった。理化学研究所とＪＡＭＳＴＥＣの面接が控えていたが、海外研究員の二次審査のためのいろいろな相談もあったし、エド様がいるカリフォルニア大学サンタバーバラ校も訪問しておきたかったので、ボクは妻を連れ、新婚旅行を兼ねたアメリカ西海岸10日間の旅へと出発した。

その5　僕はキミの目がとても気に入っている

アメリカ・ネバダ州の「砂上の楼閣」都市のカジノに入り浸り、すっからかんになるなど悲しい思い出作りにいそしんだあと、ややブルーな心持ち半分、憧れの研究者に会う緊張半分で、サンタバーバラにいるエド様に会いに行った。彼は、ボクが思い描いていた通りの素晴らしい研究者で、思いやりのあるとてもフェアな人だった。

「来年からボクはモントレー湾水族館研究所に異動するんだけど、モントレー湾水族館研究所は最先端の素晴らしい研究環境で、これからは海洋表層だけじゃなくて深海や深海底の研究もできるようになるよ」と教えてくれた。モントレー湾水族館研究所は、そのとき初めて聞く名前だったけれども、あとから調べてみるとモントレーという街もその研究所も、とても魅力的なところだとわかった。

ボクは正直に、いま3つの申請書が同時進行していると彼に伝えた。そして、もし彼の研究室に入ることができなかった場合、理化学研究所とＪＡＭＳＴＥＣのどっちに行ったらいいと思うか、プロの研究者としての意見を聞かせてほしいと頼んだ。その時点で、ボクの気持ちは理化学研究所に傾いていたけれども（それはサラリーがびっくりするぐらい高かったのと、カトーさんに植えつけられたあのトラウマが原因だ）、まだ両者のあいだで迷っていたのだ。

彼は迷うことなく、「ボクが君の立場だとすれば、間違いなくＪＡＭＳＴＥＣを選ぶよ。理化学研究所も有名な研究所だけど、ＪＡＭＳＴＥＣは世界的にもトップクラスの研究所だと思

カリフォルニア州サンタバーバラにて、エド様を訪問しようとしたヘンなニーちゃん。長髪、ダサ。サスペンダー、ダサ。このときどうかしてましたわ、ワタクシ
（提供：高井研）

うよ」と言った。

ワシントン大学留学時代に海外でのＪＡＭＳＴＥＣの評価の高さを知ったボクだが、すこし研究分野が異なるスーパースター・エド様にもそれが伝わっていることにびっくりした。

「うーむ、サラリーは低いけどＪＡＭＳＴＥＣめ、なかなかやるな」

アメリカ西海岸10日間の旅から帰国したあとも、ボクはエド様のアドバイスが心に引っかかっていた。しかし依然としてやや理化学研究所優勢のまま（繰り返すが、それはやはりサラリーが高かったのと、あのカトーさんのトラウマのせい）、ついに関東制覇遠征の日がやってきた。

遠征初日は、理化学研究所の二次審査があった。審査はプレゼンテーション形式の面接試験だったのだが、そのときの記憶がまったく残っていないのは不思議だ。深夜バスで朝早く新宿かどこかに到着して、そのまま審査に直行したが、とにかく眠かったことと、終わったあととんでもなくグッタリしたことしか覚えていない。きっと、プレゼンテーションはうまくいかなかったのだろう。

そしてグッタリしたまま、希望していた研究室を訪ねた。そこで、二次審査というのはほとんど形式的なもので、審査はほぼ一次で終わっていると聞かされた。つまり二次審査というのは、これから一緒に働く研究室のボスやメンバーと顔合わせをしておきなさい、という意味合いが大きいのだそうだ。君はたぶん合格しているよ、と言われた。

でも、なぜかあまり嬉しさを感じなかったのだ。おそらく10月から一緒に働くことになるであろう研究室の人たちに挨拶をした。その研究室は、京都大学の研究室と雰囲気が似ていて、アットホームな感じの親しみやすい人たちばかりだった。しかし、相変わらずボクの心は晴れないままだった。

研究に関する議論をしているときに感じた、なんとなく噛み合っていない不完全燃焼感や自分の情熱が空回りしているという感覚。それらが、「合格だよ」と言われたときの喜びを激しく阻害していた。

給与や契約期間の長さなど、理化学研究所の待遇はすごくよかった。研究室の雰囲気もよかった。それに、契約終了後の正規職員への昇格可能性についてもかなり肯定的な話をしてもらった。帰り道、ボクはいろんな好条件を何度も頭の中で反芻しながら、できるだけ理性的に判断しようと努力した。そして理化学研究所に行こうと決めた。にもかかわらず、気持ちは依然としてドンヨリと沈んだままだった。

そして次の日、ボクは因縁のＪＡＭＳＴＥＣへ面接に向かった。

朝起きたときから、「面接の最後に、潔く断りの返事をしよう」と決めていた。そして、当時新橋にあったJAMSTECの東京連絡所のドアをノックした。

そこには、現在はJAMSTECの理事をしている堀田平さんと、あの「怖ーい」掘越先生がいた。しかし、「決断しちゃった」ボクはもはや怖じ気づくことはなかった。堀田さんの「キミはJAMSTECに来たらどういう研究がしたいのですか？」という通り一遍の質問に、ボクは自分でもびっくりするぐらいペラペラと、そして熱く、その研究テーマや動機について語った。

よく考えれば当たり前だ。ボクはアメリカのあの国際学会のクリスタ・シュレパーのポスターの前で、「世界の誰よりも早く、なんとしてでも深海熱水の未知の微生物の多様性を明らかにする」と自分で自分の心を焚きつけたのだ。そして、その情熱は、ずっと熱いままだった。ひと通りしゃべり終えると、掘越先生がひとことつぶやいた。「うーん、深海熱水の微生物の多様性ねぇ」。なんとなく気にくわない、というような感じだった。

腹が据わったボクは思わず「掘越先生が血の通わない遺伝子配列だけの情報に興味がないのはわかります。でも、もし掘越先生の興味がなくても、これはまずJAMSTECが世界に先駆けてぜったいにやらないといけない研究なんです！　ボクはずっとそう思ってきたんですよ！」とつかみかかるような勢いで語った。

堀田さんはちょっと焦ったような顔をして、場をとりなそうと動いた。そのときジッと睨みを利かせていた掘越先生が口を開いた。

「キミのような若者から、そういう話が聞けるとは思わなかった。そうか、それが重要だと思うか」

ボクはさらに持論を畳みかけようと前のめりになった。それを掘越先生は手で制した。そして、

「僕はキミの目がとても気に入っている。僕のような年寄りになると目を見ればだいたいわかるんだよ。キミのことは目を見ればすべてわかる」

と言ってニヤリと笑った。堀田さんがホッとした顔でソファーに座り直した。

ドクン。胸の奥で何かが音を立てて弾けた。全身にジーンときた。こんな嬉しい言葉があるだろうか。掘越先生のこの言葉はボクの琴線にものすごい勢いで響いてしまった。そうだ、おそらくボクが人に誇れるのは、自分の情熱や心情を、まっすぐに伝えられる「この目」以外にない。ボクの妻となった女性も、同じことを言っていたじゃないか。

ボクは、断りの返事をしなかった。その代わり、ＪＡＭＳＴＥＣと理化学研究所を天秤にかけていると正直に話した。京都に帰って、妻と相談してから返事をしますと。そして、深々と頭をさげ、ＪＡＭＳＴＥＣの東京連絡所をあとにした。

その日の帰り道は、昨日とうってかわって、清々しい気持ちでいっぱいだった。自分の全存在をありのままに評価してもらうという、人生で初めての体験をしてボクの心は澄みわたっていた。

ＪＡＭＳＴＥＣやるじゃん。掘越弘毅やるじゃん。

心の中でそんな軽口を叩いた。ボクはきっと、理化学研究所に行くことを選ぶだろう。だけど、早く京都に帰って、今日のことを妻に話したくてしょうがなかった。

その夜、京都に帰ったボクは、関東制覇遠征の一部始終を妻に話した。そして、自分の結論として「理化学研究所に行こうと思うんやけど、どう思う?」と聞いた。

妻はニコリとして、

「そんなん、最初からわかりきった答えやん。はじめから結論出てるやん」

と言った。

「えっ、そう?」とボクは聞き返した。妻の言っていることがよくわからなかったのだ。

「それってどういうこと?」

「行きたいんでしょ。ＪＡＭＳＴＥＣ」

「そんなこと誰が言った?　理化学研究所やて言うてるやん」

「ううん。最初からＪＡＭＳＴＥＣに行きたいって言うてます。誰が見てもそうやん」

「うそー。ほんまに？　そんなこと言った？　俺ってＪＡＭＳＴＥＣに行きたがってるの？」

「ハイハイ、言うてます。完璧に」

「えー、ＪＡＭＳＴＥＣに行きたがってるかなー？　ほんまかなー？　あのＪＡＭＳＴＥＣに？　えーそれはないやろ？　ハハッ」

「イエイエ、言うてました。最初から」

これじゃ、まるで漫才にしか聞こえない。妻は、アメリカに旅行したときからボクはずっとＪＡＭＳＴＥＣに行きたがっていたし、何も考えが変わっていない、と言った。その言葉を聞いて、ボクはようやく気がついた。そうなんだ、ボクはいつからかＪＡＭＳＴＥＣに行きたいと思い始めていたんだと。

妻はボク以上にボクのことがわかっていた。「給料、待遇、安定した将来性……」みたいなくだらないことを並べる「ボクの言葉」ではなく、「ボクの目」のほうを信じて、ボクが本当に望んでいることは何かを最初から知っていた。そして、背中を押してくれた。

ボクの大好きな映画に『フォレスト・ガンプ』という作品がある。有能で成功することを至上とする米国社会において、知能指数が人並みに至らない主人公フォレスト・ガンプが、努力と偶然の幸運によって成功していく物語である。とても愉快なタッチなのに、笑ったあとにすこしもの悲しくホロリとさせられるいい映画だ。

映画のキャッチフレーズにもなった、フォレスト・ガンプの母親の言葉、「人生はチョコレートの箱、開けてみるまでわからない」の意味がラストシーンで語られる。

ボクたちにはみんな、定められた運命があるのだろうか？　それとも風に乗って舞う白い鳥の羽のようにただ漂っているだけなのだろうか？

フォレスト・ガンプは、たぶんその2つは同時に起こっていると答え、映画は終わる。

ボクとJAMSTECのつながりをこうして振り返ってみると、いつもこの映画のことを思い出す。たぶんボクにもその2つが同時に起こっていたように思うのだ。

第4話

JAMSTEC
新人ポスドク
びんびん物語

紆余曲折ありつつも、1997年、ボクはついに憧れのJAMSTECで研究生活をスタートさせた。だが、その幕開けもまた波乱含みであった。出勤初日に放置プレーを喰らい、さらに顔なじみの研究者からは「今から3年後の就職先を探しとけよ」といきなりジャブをお見舞いされ——。

その1 JAMSTEC初出勤で放置プレー

大学3年生のとき、研究室配属前に初めて知った謎の「深海」研究機関JAMSTEC。博士課程のとき、留学先のアメリカで知った世界に誇る最新深海研究ツールを備えた「海洋」研究機関JAMSTEC。ポスドクを目指して就活中、呆気にとられたり、むかついたり、嬉しかったり、いろいろドラマがあった「特殊法人」研究機関JAMSTEC（現在は独立行政法人）。

1997年10月1日。長年住み慣れた京都を離れ、箱根の関所を越えて横須賀へやって来たボクは、朝の9時に、オンボロバイクに乗ってJAMSTEC本部に初出勤した。

JAMSTECに到着したはいいが、ボクにはひとつ心配事があった。ボクはあくまで科学技術振興事業団（現・科学技術振興機構）の科学技術特別研究員であって、JAMSTECに雇われているワケではなく、居候の存在だ。で、科学技術振興事業団の手引きには、「10月1日に出勤しなさい」という文言があったので出勤してみたのだが、実は一体

左／空から見たJAMSTECの横須賀本部。2001年に撮影されたもの　右／現在のJAMSTEC本館入り口。当時の名前は前身である、海洋科学技術センターだった。もちろんこんなパンチの効いた建物はなく、草がボーボーに生えている空き地がある鄙びた研究所だった（という記憶がある）（提供：ともにJAMSTEC）

どこにどう出勤すればいいのかもわかっていなかったのだ。

もちろん、ＪＡＭＳＴＥＣに行くことが決まったあと、一度挨拶には来ていたのだが、そのときはあのカトーさんとややぎこちなく研究の話をしただけで、具体的にどうすればいいのか聞いていたわけではなかった。

仕方がないのでカトーさんがいるはずの研究室を訪ねてみたが、誰もいない。周辺に人影もないので、深海微生物系の研究室が入っていた建物の１階にあった喫煙場所のソファーに腰かけ、タバコをスパスパ吸うしかなかった。

あぁ、ボクは望まれてここにいるわけではない。そう感じた。

タバコを吸っていると、時折人が通りかかったが「チラリ」とボクを一瞥するだけで、「話しかけんな！」ムードを漂わせて足早に去っていく。とてもこちらから何か話しかけられるような雰囲気ではなかった。そうして時間が経つにつれ、ボクはだんだんむかついてきた。

「なんだ、このいきなりの放置プレーは。もしかして、これが噂の関東人による関西人いじめか？　オレの隠しても隠しきれない京都人の気品が関東人には鼻持ちならないのか？　関東恐るべし！　アメリカに留学したときよりもはるかに巨大なカルチャーギャップを早速味わわせてくれるとは」

と、かなり間違った方向の被害妄想に囚われ始めていたそのとき、最寄りの追浜駅とJAMSTECを結ぶ通勤用のバスが到着したようで、ゾロゾロと人が建物に入ってきた。その中に知っている女性研究者の顔を見つけたボクは、藁にもすがる思いで彼女に声をかけ、「今日からよろしくお願いします」と挨拶した。

彼女は、「いま、南イタリアでマリンバイオテクノロジーの国際会議をやっているから、カトーさんをはじめ、リーダークラスの人は誰もいないよ。そもそもタカイさん、なぜイタリアへ行かなかったの？」と言った。

そうだ。ボクもその国際会議には参加するつもりだった。その会議は1週間かけて、南イタリアの小さな海辺の街をバスで転々と移動しながら、その先々で講演やポスター発表をすこしだけ行い、残りの時間はワインを飲んで騒ぐということを繰り返す、未だかつてない魅惑的・快楽的なもので、ボクもものすごく楽しみにしていたのだった。妻とＮＨＫのイタリア語会話で一生懸命、勉強までしていたくらいだ。

しかし「10月1日に出勤しなさい」と言われたから、イタリア行きを泣く泣くキャンセルして、いまここにいるというのに。

またもや怒りが爆発しそうになったが、その女性研究者が、これからボクがお世話になる研究グループの事務・管理部門の部屋に連れて行ってくれたおかげで、ようやく出勤初日の形を整えることができた。そして、研究者たちが仕事机を置いている大部屋に案内してもらい、空いている場所に自分の仕事机を置き、どうにか居場所を得た。

ちょっと落ち着くと、ＪＡＭＳＴＥＣ初日にしてボクは再び「あぁ、ホントにボクは望まれてここにいるわけではないのだ」という事実を厳粛に受け止め、自分で選んだこととは言え、ひどく落ち込んだ。たしかに、身分としては実際に居候だし、誰もボクのことを知っているわけでもない。自分で勝手に舞い上がって、「ＪＡＭＳＴＥＣに来てやったわ、オラー」みたいな気分になっていたが、ＪＡＭＳＴＥＣの人間からすれば「誰？　アイツ?」という存在でしかない。「ヌルイ、ヌル過ぎる！」と文句を言っていた京大の研究室の温かさをとても恋しく感じた。

アメリカ留学のときよりも強烈なホームシックを感じながら、ボクは数日を過ごした。

そして迎えた週明けの月曜日、国際学会から帰国した微生物系研究グループのリーダーたちが出勤してきた。

因縁のカトーさんともここでやっと再会を果たした。研究分野の近さもあって、ボクはカトーさんのグループに配属されるとばかり思っていたが、どうやらそうではなく、イノウエさんというリーダーのもとに配属されるようだった。カトーさんとはこれまでいろいろあったが、研究上のディスカッションはしてきたし、本質的にすごくやさしい人だという確信もあったので、カトーさんとならなんとか一緒にやっていけると思っていたが、まったく知らないイノウエさんという人とうまくやっていけるか不安を感じた。

そしてカトーさんは、次のようなことをボクに言った。

「タカイ君。とにかくよく来たね。これからよろしく。ところでさー、キミの科学技術特別研究員だっけ？　それって3年間の任期なんだよね？　だったら、じゃあ、キミ、3年後の就職口をいまからちゃんと探しとけよ！」

このカトーさんの言葉に、ボクはすぐには口を利けないほどの怒りと寂しさを感じた。

いまから思うと、このカトーさんのセリフは、どういうつもりで言ったのかは別として、たしかにポスドク研究員に対して最初に言っておくべき大事なものではあると思う。この事実をちゃんと伝えておくことは、ポスドク研究員としての「覚悟」を持っているかを確認するために必要不可欠な通過儀礼だ。しかし、当時の青臭いボクには、「別にキミなんか必要ないからね。やりたい研究だけやったら、とっとと出て行ってくれ」というニュアンスにしか取ることができなかった。

ボクがまだ博士号を取り立てのひよっこだったのは事実だ。だけど、すでに6本近くの研究論文を国際誌に発表、もしくは受理されていたし、プロの研究者として自分なりの自信とプライドを持って、京大の出身研究室の看板も背負って、このJAMSTECにやって来たつもりだった。

そこにいきなり砂をかけられたようで、ぶちまけようのない怒りを覚えた。けれども同時に、ボクは久しぶりに心の奥底から湧き上がってくる熱いエネルギーも感じていた。ここ数日間、すっかりホームシックで末っ子気質なヘタレぶりを発揮していたボクだったが、このカトーさんの言葉を聞いて、ハッキリクッキリ、目が覚めるような気分になった。

「そうだ、ボクはまだJAMSTECではナニモノでもない。ちょっとした実績でいい気になっていたけど、そんなチンケな自分を認めてもらおうと思っているようじゃダメダメだ。いつだって、超ナマイキな自分の存在を、行動と結果によって認めさせてきたんじゃないか。よっしゃー、カトー！　いまの言葉を3年後まで覚えとけよ！　ぜったい、見る目がなくてすみませんでしたぁぁ、と言わせてやる」

カトーさんの言葉のおかげで、ボクはいつものボクに戻れた。そして、自分にとって新しい環境であるJAMSTECでの生き方が、なんとなく決まったような気がした。そうと決まれば、自分がナニモノかであることを示す行動を起こすのみだ。その日からボクの「JAMSTEC新人ポスドクびんびん物語」が始まった。

最後の「むかつくんですよ!」はよく覚えている　その2

さて、そもそもボクがJAMSTECにやってきたのは、前話でも書いたように「世界の誰よりも早く、深海熱水の未知の微生物の多様性を明らかにしたい」という明確かつ具体的な研究テーマがあったからだ。

早速このテーマでブイブイやってやるぜ、と意気込んだものの、ボクはある事実を知って愕然とした。

深海熱水環境の未知の微生物の多様性を明らかにするための第1歩は、有人潜水艇か無人潜水機のどちらかによって深海熱水域を潜航調査することである。その環境をよく把握し、必要な環境条件データを測定した上で、いくつもの異なる環境からサンプルである微生物を採取する。その新鮮なサンプルを培養し、微生物の生体機能を観察したり、あるいは直接DNAを取り出して調べたりする必要がある。そうやって初めて、微生物群集の多様性やその組成・機能がわかるのだ。

だが、この潜航調査というのは、毎年1回、計画書を提出して次年度の調査計画が決まる。だからボクはJAMSTECに来るなり、「一体いつ深海熱水域に潜れるんですかね～」と聞いたわけだが、そのときにはすでに次年度（1998年度）の申請は終わっていた。

ズッコーン。

これから少なくとも1年半は、サンプルも手に入らないなんてー。

思てたんと違うー！

余談になるが、当時の海洋調査船や有人潜水艇を用いた調査研究の決定プロセスは、いまとは大きく異なっていた。例えば「しんかい2000」や「しんかい6500」の潜航調査の場合、2001年度からは完全にオープンな公募制となり、しっかりした研究目的、研究内容、潜航調査回数の妥当性、研究の意義や期待される成果の重要性、研究遂行能力を示した科学提案のランキングに基づいて調査計画が組まれる仕組みとなった（その詳細は近年またすこし変わってきてはいるが）。

しかしそれ以前は、ＪＡＭＳＴＥＣ枠、大学枠、公的研究機関枠の3つに、年間潜航回数がほぼ3等分されていて、その枠組みの中でどのような調査研究を行うかは、あまり公にされてはいなかった、と言ってみたりして。

いずれにせよＪＡＭＳＴＥＣに来たばかりのボクは、自分の研究テーマに必要な深海熱水域の潜航調査を1年半以上待たなければならないという衝撃の事実を知って、途方に暮れたのだった。

とは言いつつ、当時のかなりのんびりした深海調査研究の決定プロセスのおかげで、ボクはそれから半年とすこしして、ちゃっかり〝祝！　初「しんかい２０００」潜航〟しちゃうのだが、それは後述することにする。

1年半も待たなければいけないと知り、困り果てたボクは、ＪＡＭＳＴＥＣにやって来たばかりの初々しい新人だったはずなのに、「ワシは、深海熱水域に潜りたいんや！　そのためにＪＡＭＳＴＥＣに来たんや！」といろんな人にダダをこねて回った。そうすると、多くの人の好意で、１９９８年の春に決定されていたしんかい２０００による「伊豆・小笠原弧水曜海山熱水フィールド」や「沖縄トラフ伊平屋北熱水フィールド」への調査に同乗させてもらえることになった。

また、乗船はできないが、１９９７年の秋に採取された「沖縄トラフ伊平屋凹地熱水フィールド」の新鮮なサンプルと、1998年の春に行われる予定の「伊豆・小笠原弧明神海丘熱水フィールド」の新鮮なサンプルを分けてもらえることになった。

ヨッシャー。ダダはこねてみるモノよのー。

とりあえずこれで、なんとか「思てた研究」ができそうだと目処がついてボクはちょっと安堵した。しかし、冷静になって考えてみると、その研究に着手し、ある程度まとまった結果が得られるのは、まだ半年以上も先のことだ。JAMSTECで「誰？　あのうるさい関西人？」としか見られていないボクが、一体ナニモノかであることを示すには、それ以外にもネタが必要であった。

そんなある日、ボクはJAMSTECの食堂で昼食を食べようと、席を探していた。微生物研究系のグループに所属する若い女性研究者たちの隣が空いていたので、そこに座り、いろいろおしゃべりをして場になじもうと試みた。ワタシの記憶が正しければ……その場では「キミ、きゃわうぃーねー！」的なノリで話をしたつもりは一切ない。

なのに、その女性たちはみんな反応が異様に冷たく、表情もぎこちなく、明らかに困惑しているのだ。まるでキャッチセールスにつかまったかのように。当時現場にいた女性研究者のひとりは、現在もボクの同僚なのだが、あのときの真相を追究すると「なんか、ギトギト来る感じがうざかった」と証言した。……ともかく、ボクはそのランチタイムでこう悟った。

「これか？　やっと来たか？　これが本当の関東人による関西人いじめか？　オレの隠しても隠しきれない京都人のはんなりさが『～じゃん、～じゃん』とうるさい神奈川県民には鼻持ちならないのか？」と（それはまったく違うぞ）。

だとしても、やはりポスドク研究者というのは、そんなことでヘコんでいるヒマなどなく、できうる限りソッコーで自らの「できるヤツ」ぶりをアピールしなければならないとボクは感じていた。人間というのは多かれ少なかれ先入観に縛られる生き物という面を持っている以上、最初にハッタリをかましておけば、しばらくのあいだ、かなりの自由度を持って立ち回れるものだ。これは、ヤンキー社会における鉄則であると、ボクは地元のヤンキー友達から学んでいたのだ。

「深海熱水環境の微生物の多様性」以外の研究を早急に立ち上げなければ。

というわけで、ボクはその晩から徹夜で策を練り始めた。そして、JAMSTECの過去の研究に、水深約1万1000mの世界最深部のマリアナ海溝の冷たい泥には、50℃ぐらいの温度で増殖する好熱菌（「超」がつかない普通の好熱菌：第3話参照）が思いがけず多く生息していた、という論文があるのを見つけた。しかも、そのなかにはかなり系統的に珍しい好熱菌も含まれていた。

ちょうどそのころ、超好熱菌の研究の世界では、次のような研究が報告されていた。海底下の無酸素の高温環境に生息する超好熱菌は、海底火山の噴火に伴って、海底下から酸素に満ちた海水に放出されると、本来ならすぐ死んでしまうはず。なのに、放出先の海水が低温の場合にはかなりの期間生き延びることができる、というものだった。

当時、世界最深部であるマリアナ海溝の研究は、ボクがアメリカ留学時代にニューヨーク・タイムズ紙の記事で見かけたように、1万1000m級無人潜水機を開発したJAMSTECの独壇場だった。もし、極めて低温の世界最深部の泥の中に、好熱菌だけでなく、「超」好熱菌も生きていたら？　こりゃ、それなりの研究ネタになるなとボクは思った。

これがいまは亡き「かいこう」。当時JAMSTECが誇った最新鋭1万1000m級無人潜水機だ。太平洋の藻屑と消えたかいこうを惜しむ声は多いが、いまの政府・財務省はあまりいらないみたいね。と、連載当時は書いたが、いまはようやくかいこうと同スペックもしくはそれ以上の能力をもった1万1000m級の無人潜水機がJAMSTECにお目見えしそうDA・YO。次は1万2000m級の有人潜水艇がほっすぃーの（提供：JAMSTEC）

そしてもうひとつ、世界中の様々な地域の海底熱水環境には、それぞれ地理的に隔絶しているにもかかわらず、同じような性質を持った超好熱菌が生息していることが知られていた。この現象を説明するためには、海の中にはなんらかの超好熱菌の運搬（伝播）メカニズムが存在している必要がある。海底火山噴火と、それに伴う海水の移動こそが超好熱菌を運搬するメカニズムではないかと議論されていた。

だからもし、世界最深部のマリアナ海溝の泥にも超好熱菌が生きて残っていたら、それは海水による超好熱菌の運搬のひとつの例証になるかもしれない。ボクはそう考えた。JAMSTECでは前年にマリアナ海溝チャレンジャー海淵から泥を採取しており、そのサンプルを液体窒素の中で保存していることもわかった。

マリアナ海溝チャレンジャー海淵の世界最深部の泥には、超好熱菌が生きている。それを証明しよう、そうしよう。ボクは決めた。

徹夜明けの翌朝、はやる気持ちをなんとか抑えつつ、早速イノウエさんに「マリアナ海溝チャレンジャー海淵の泥から、超好熱菌の培養をさせて下さい」と許可をもらいに行った。同じ研究グループとはいえ、保存サンプルの使用には、リーダーの許可が必要だったからだ。

イノウエさんは苦虫を噛みつぶしたような顔で、「えー！　キミがマリアナ海溝の貴重なサンプルを使うのかね。あれが、どれだけ貴重なサンプルかわかって言ってるのか？

あのサンプルは決して無駄にはしたくないんだよ」と言った。

ＪＡＭＳＴＥＣに来てからずっと感じていた「ヨソ者」扱いへの不満が頂点に達していたんだろう。徹夜明けの疲れもあったんだろう。ＪＡＭＳＴＥＣに来てまだ数日の新参者のボクだったけど、このときばかりは感情を抑えることができなかった。

「ちょっと待って下さいよ。貴重なサンプルっておっしゃいますが、そのサンプルは研究のために採ってきたサンプルでしょ。研究もせず保存しておいたってなんの意味もありませんよ。しかも研究を始める前から、なんで拒絶されなアカンのですか？　アナタは、微生物学者としてのボクの何を知った上で、ボクの研究を拒絶するんですか？　拒絶する根拠はあるんですか？　ボクはこのＪＡＭＳＴＥＣにいる微生物学者の中でも、おそらく微生物ハンティングに関してはトップクラスの技術を持っていると自負してます。ボクのことをよく知らないからって、頭ごなしに否定されるのは、むかつくんですよ！」

ははは、よく言いましたね。こんなに理路整然と言えたかどうかは覚えていないけれど、最後の「むかつくんですよ！」はよく覚えている。

ただ、これまで「ＪＡＭＳＴＥＣへの道」でもずっと書いてきたように、ボクはＪＡＭＳＴＥＣに来てからの数日間、ずっと「ＪＡＭＳＴＥＣは設備は超一流、でも人は二流」と、どこか見下した目線でこの研究所のことを見ていたんじゃないかと思う。実際、京都大学ではみんなそういう感じでＪＡＭＳＴＥＣのことを揶揄していたし、自分の中にそういう色眼鏡が出来上がっていたのかもしれない。それが、ボクの態度にも知らぬうちに表れていたのだろう。自分では認めて欲しいと思っているくせに、ＪＡＭＳＴＥＣの人たちに対して虚勢を張る。おそらく、ボクは自ら距離を作っていたんじゃないかと思う。

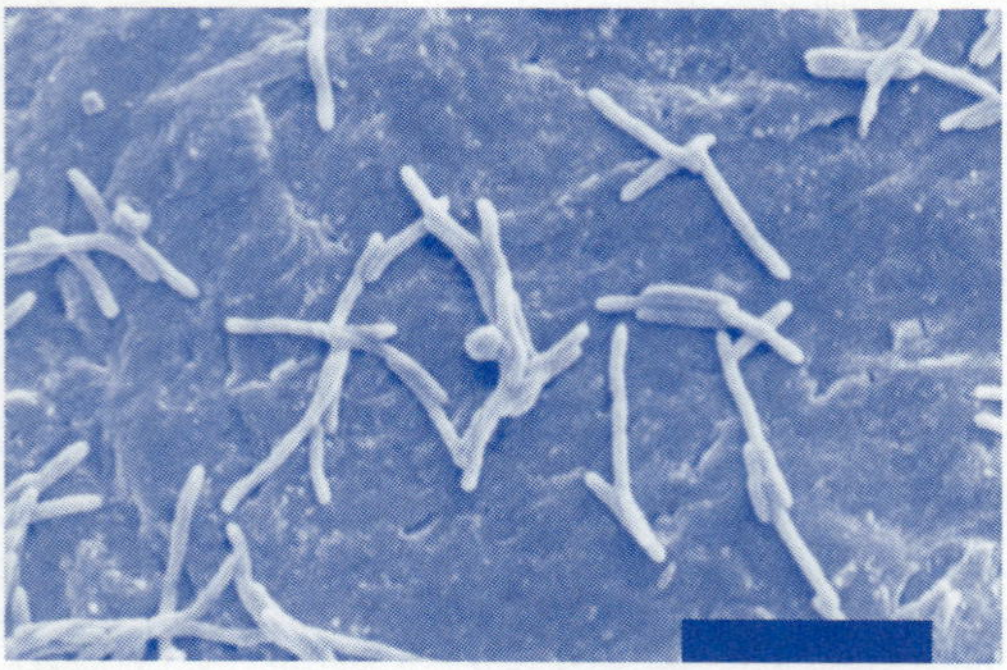

これがJAMSTECで、電光石火攻撃を仕掛けてゲットした好熱菌。この細くてニョロニョロした好熱菌のおかげで、ボクはなめられずに済んだといっても過言であるまい。黒い棒線は5μm（5/1000mm）（提供：高井研）

イノウエさんに溜め込んでいた感情を吐き出したことでようやく、しこっていたわだかまりがなくなった。イノウエさんも最初はびっくりしていたが、そのあと腹を割っていろいろ話すうちに、分野は違えども同じ微生物ハンターの血が流れている人だとよくわかった。この日、ボクは初めてＪＡＭＳＴＥＣでやっていける気がした。

そしてなんだかんだと言いながら、ちゃっかりマリアナ海溝チャレンジャー海淵の泥もせしめたった。せしめたモノはボクのモノ。マリアナ海溝の泥を使って、ボクは馬車馬のように実験を進めた。そしてそれから数日後、ボクの予想通りに、試験管の培地に80℃近くの温度で増殖する好熱菌が生えてきた。

「オレは勝った！」

ボクはＪＡＭＳＴＥＣにやって来て2週間のあいだに、論文のネタになる好熱菌を生やすことに成功した。そしてそれから半年も経たないうちにそのネタで最初の論文を書いた。

その3 初めての「しんかい2000」

ＪＡＭＳＴＥＣに来て９ヶ月が経った１９９８年7月。

ボクは海洋調査船「なつしま」に乗り、沖縄トラフ伊平屋北熱水フィールドの洋上にいた。

自分で研究提案書を書いて当てたワケではないが、イノウエさんの研究提案で当たっていた２回のしんかい２０００の潜航調査に同行し、沖縄トラフ伊平屋北熱水フィールドに潜航するチャンスをもらったのだ。もらったモノはボクのモノ。

ＪＡＭＳＴＥＣに来てから始めた研究もこのころには軌道に乗り、３つくらいの研究テーマを並行して進めているノリノリ状態だった。

そして、この沖縄トラフ伊平屋北熱水フィールドの熱水やチムニーといったサンプルがうまく採取できれば、ボクがＪＡＭＳＴＥＣに来た一番の目的である「世界の誰よりも早く深海熱水の未知の微生物の多様性を明らかにする研究」を完遂することができるはずだった。

2010年に、しんかい2000と。ボクはこの艇での潜航が大好きだった（撮影：的野弘路）

初夏の沖縄トラフの海は、子どものころ海水浴に行った京都府北部や福井県の海のように穏やかで心地良かった。

なつしまには、その2ヶ月前に伊豆・小笠原弧水曜海山熱水フィールドの調査で乗船済みだったが、そのときは海況が大荒れで、ボクはひどい船酔いで2回ほど吐いた。人生で、食中毒のときと、女の子にフラれてヤケ酒を飲んでつぶれたとき以外嘔吐などしたことがなかったボクには、かなり辛い初乗船だった。

いまとなってはもうどれぐらい航海を経験したかもわからないけれど、沖縄と伊豆・小笠原の海を比べると、沖縄のほうがはるかにボクにはやさしい気がする。水曜海山フィールドに行くと必ず海は大荒れで、一度なんて船室の窓が大波を受けてぶち抜け、船酔いでダウンしていたボクの上に海水がジャバジャバと浸水してきたという恐怖体験もしたことがある。

この本でもすでにしんかい6500の潜航調査の様子を紹介したが、しんかい2000の潜航調査もほぼ同じように進んでいく。この最初の潜航のときには、何から何まで初めての経験で、ボクは「為すがまま、されるがまま」だったんだろう。記念すべき初潜航については、伊平屋北フィールドの海底に着いてからのことしか覚えていないのだ。

水深1000mの海底に着くまで、深度計の数字がひたすら増えていくのにドキドキしつつ、コックピットは壊れないだろうかとか、蓋から水漏れしてこないだろうかとか、とにかくびびっていた。そんなボクを乗せ、しんかい2000はついに伊平屋北フィールド

伊平屋北熱水フィールド付近の海底の様子。結構にぎやかでしょ。2010年9月に「ちきゅう」が掘削調査を行い、人工熱水噴出孔を創り出したりしたので、いまはもっとにぎやかな大スペクタクル空間に変貌しているのだ。あの深海の景色は見ていてホントワクワクする（提供：JAMSTEC）

の近くの海底に着底した。ボクはそこで、初めて深海底の景色を見た。

しんかい２０００の観察窓は２つある。しんかい６５００と比べると、その２つの観察窓の位置は近く、さらにかなり上のほうについている。人間の顔で言えば、しんかい２０００はしんかい６５００よりは「寄り目」、あるいは元ＡＫＢ48の前田敦子顔的構造（なんのこっちゃ）と言えよう。なので、しんかい２０００の観察窓からは、しんかい６５００よりもはるかに視野が開けた景色が堪能できる。しんかい２０００から見る景色は、深海と言えど非常に楽しいモノだった。

もはやしんかい２０００が現場復帰することはほぼないだろうが、ボクはしんかい６５００よりもしんかい２０００での潜航のほうがだんぜん好きだった。

しんかい２０００の観察窓から深海底の景色を眺めているうちに、自分がいま水深

1000mの海底にいることなどすっかり忘れてしまった。目の前に広がる伊平屋北フィールドの海底の風景は、ずっとボクの遊び場であった日本海の潮間帯の岩場を潜っているのではと錯覚してしまうぐらい、色彩豊かだったからだ。

ゆっくり前進するしんかい2000に合わせて、豊かな生物に溢れた海底の景色が次々に現れる。そして時折、「歪んだ景色」が出現する。この歪みは、比較的低温の透明な熱水がゆらゆらと海底から噴き出す「熱水ゆらぎ」によるものだ。

そしてそのゆらぎの周りには必ず、白くて丸々と太ったダニのようなゴエモンコシオリエビが、ワラワラと蠢いている。さらに外側には、灰色の岩が茶色く変色したようなものが見えるのだが、それはシンカイヒバリガイのコロニーだ。

やがて、ボクを乗せたしんかい2000は急斜面にぶち当たった。前方の観察窓を覗くと、ひどく険しい崖が聳《そび》えているのが見えた。ボクらは、その崖を上へ上へと登っていった。

崖にはびっしりシンカイヒバリガイが密生していて、それは縦方向だけでなく横方向にも広がっていた。ボクはあまりの生物密度に「うおぉー、うおぉー」と声にならない声をもらした。

崖はさらに続いていた。密生していた茶色のシンカイヒバリガイが突然消え、今度は真っ白なゴエモンコシオリエビの大群集が現れた。ここでも「うわ、きっしょ〜（気色悪い）」と、陳腐なコメントしか出てこないボクであった。

しばらく〝ダニ山〟が続き、突然崖が終わったと思った瞬間、目の前にガスバーナーの炎のように揺らめく熱水噴出孔が出現した。これまで映像で何度も見てきた黒く濁った熱水を噴き上げる「ブラックスモーカー」と呼ばれる典型的なものとは異なり、透明な（しかし熱水中に気体の泡が含まれるため実際には白く見える）熱水が激しく噴出していた。

それにしても、一体何十m崖を登ってきたのか。深度計の記録では50m以上登ってきたようだ。そのあいだに、どれだけの数の生物が存在しているのかと考え、ボクは震えた。

パイロットのオオノさん（現在は無人潜水機「ハイパードルフィン」運航チームの運航長）は、この崖はまるごと巨大なチムニーだと言った。これだけの建造物を作り出し、あ

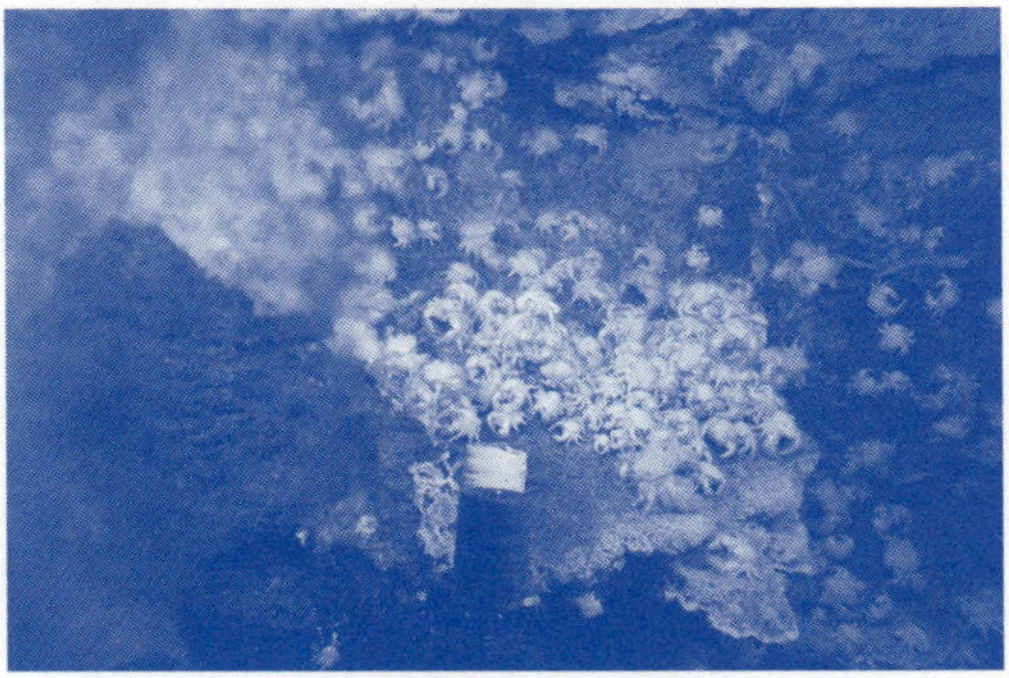

伊平屋北フィールドの「ご神体チムニー」と呼ばれる噴出孔。写真がぼけているところから透明の熱水が噴出している。白い丸々と太ったダニ（ゴエモンコシオリエビ）やゴカイ（イトエラゴカイの仲間）が見える（提供：JAMSTEC）

れだけの密度の生物を支えるためには、熱水の活動による莫大なエネルギーの放出と、有機物である炭素の供給が必要なはずで、ボクはもう言葉にならないような感動を覚えてしまった……。

こうしてボクは、初めての潜航で完全に深海熱水に魅了されてしまった。こんな景色だったら、何十時間見ていても飽きないと思った。ただこの潜航では残念なことに、伊平屋北フィールドの熱水を採取するのには成功したが、目の前で見たチムニーの採取にはことごとく失敗した。

初潜航に興奮し、感動しながらも、深海熱水の微生物の研究における試料採取の難しさを身に染みて感じた。「こりゃあ、なかなか研究が進まないわけだ」ということがわかったような気がした。

この初潜航を終えたあと、沖縄トラフ伊平屋北フィールド、伊平屋凹地フィールド、伊豆・小笠原弧明神海丘フィールド、水曜海山フィールドと、ついにすべて出揃った試料を用いて、ボクは熱水やチムニーの中に生息する微生物群集の遺伝的多様性の解析を行った。

それは、2年前の1996年に、ジョージア州での国際学会でクリスタ・シュレパーが発表していた「湖に生息する未知の古細菌（アーキア）」の研究に触発されてから、ボクが追い求めてきた研究テーマだった。

同時に深海熱水環境には、ノーマン・ペースがイエローストーン国立公園の温泉環境で見つけた多様かつ始原的なアーキアよりも、もっと多様で起源の古いアーキアやバクテリアがいるに違いないという、ボクの妄想（あるいは作業仮説と呼ぶ）をたしかめるためのテーマでもあった。

そして3ヶ月も経たないうちに、ボクのその妄想は正しいと証明するデータが得られたのだ。

１９７７年に、アメリカの有人潜水艇「アルビン号」の潜航調査により、ガラパゴス沖の深海にある断裂帯、ガラパゴス・リフトの海底において、世界で初めて深海熱水が発見された。だがこの深海熱水は17℃くらいのぬるま湯がショボショボと湧き出る「ぶらり途中下車の旅」に出てくるローカル温泉みたいなもので、この発見の真のインパクトは、その深海熱水の周りに、びっくりするぐらい高密度に繁茂する奇妙なカタチの生物たちの集合（化学合成生物群集）が見つかったことにあった。それまで太陽の光の届かない深海は、生物が生息できない荒涼たる世界だと考えられていたので、その多様な構成種と驚くべき生物密度はまさに世紀の発見と言うにふさわしい衝撃だったのだ。

そのあとすぐに、今度は東太平洋海膨という中央海嶺沿いにある深海底に350℃を超えるアッツアッツの真っ黒なブラックスモーカーがバフバフ吹き出す熱水が見つかり、深海熱水活動自体も衝撃を持って知られるようになった。

発見直後から、多くの研究者を惹きつけてやまなかったのは、「なぜあれほどの高密度の生物が、しかも口も肛門も消化管も持たないような生物が、不毛の地である深海でワサワサノホホンと生きていられるのか？」という謎だった。そして研究が進むにつれ、その謎を解くカギとなるのは、深海熱水環境のあらゆるところに（熱水の中だろうが、チムニーの中だろうが、生物の組織内だろうが）生息する特殊な微生物たちの働きだということがわかってきたのだ。以来、世界中の名うての微生物ハンターたちによって超好熱菌をはじめとする様々な極限環境微生物が、深海熱水環境から培養・分離されてきた。

しかしＪＡＭＳＴＥＣに来てから始めたボクの研究成果は、その30年以上にわたる研究を、ある意味否定し、そしてある意味再構築するものだった。つまり、これまで微生物ハンターたちによって深海熱水から分離されてきた極限環境微生物は氷山の一角に過ぎず、深海熱水環境では未知のアーキアやバクテリアが、まだまだウジャウジャと暗躍していることがわかったのだ。

また、一部の熱水域では、見つかった微生物の種類を調べてみた結果、アーキアやバクテリアの中でも最も起源が古そうな系統の微生物で占められていることがわかった。もし深海熱水環境が地球生命の誕生の場であるという説が正しいとするならば、その最も起源の古そうなアーキアやバクテリアこそが、原始生命の直系の子孫なんじゃないか？　それも、ボクがこの研究で問いたかったポイントだった。

深海熱水環境に潜伏する、まだ見ぬアーキアやバクテリアとは一体どんな微生物なのか？

そして、沖縄トラフ伊平屋北フィールド、伊平屋凹地フィールド、伊豆・小笠原弧明神海丘フィールド、水曜海山フィールドと、どれも日本近海に存在する深海熱水なのに、なぜそれぞれの環境に生息する微生物群集の組成が大きく異なっているのか？

挑戦すべき次なるテーマが、はっきりと見えた。

ＪＡＭＳＴＥＣに来てから1年のあいだに、ボクはやりたいと思っていた研究をある程度完遂することができ、その意味では満足していた部分もあった。しかし、その研究成果は、ボクに新たなテーマを投げかけてきたのだ。

微生物ハンターの名にかけて、世界の誰よりも早く、その未知の微生物たちを見つけ、血祭りに上げなければ（培養・分離しなければ）なるまい。

第5話

地球微生物学よ こんにちは

JAMSTECで始めた研究は狙い通りの結果を得られ、達成感に浸っていた。しかし同時に「次、ドーする?」という激しい焦燥感に襲われたボクは、「もう一度海外修行するしかない」とアメリカの砂漠のど真ん中にある研究所へと飛んだ。そこでボクは、新たな研究分野と出会った。

その1 そうだ、もう一度、海外で修行しよう

今回のタイトルも相変わらず適当なパクリ仕様で申し訳ないのですが、フランソワーズ・サガンの小説『悲しみよこんにちは』から寸借しました。決して、元祖不思議ちゃん系アイドル斉藤由貴のシングル曲からの着想ではない（キリッ）、と力強く宣言しても、もしかして「誰それ？　何それ？」という若い人が大半だったりして。

逆に「あー、あった、あった、そんな曲」という読者が多い場合、「若い人にぜひ読んで欲しい」というワタクシの儚い夢はもはや完全に崩れたということでしょう。そんなことは知らないほうが幸せです。みなさん知らないふりをしておいて下さい。

JAMSTECで念願の研究を始めて1年のあいだに、ボクは世界の誰よりも早く自分がやるべきだと考えていた研究をやることができた。そして、ほぼ狙った通りの結果も得られ、新たに挑戦すべき2つのテーマも見えてきた。

当然ボクはものすごい達成感に包まれたわけだが、同時に焦燥感にも襲われた。ここま

では「この研究がやりたいんじゃあああ」と一直線に突っ走ってきた。それは、どのように研究を行えばそれを解決することができるか、その方法が見えていたからだ。しかし、新たにボクの前に現れた2つの研究テーマについては、一体どのような方法でアプローチすれば解明できるのか見当がつかなかった。ボクにはまだ「よし、これだ！」というような具体的なアイデアが何も浮かんでいなかった。いわゆるノープランだったのだ。

ふははは、これが若気の至りというものよ。青春の特権というものよ。「二十歳の体温は一番アツい」（昔ナンカのテレビコマーシャルでそう言ってたのだ）というものよ。

「次、ドーする、ドーなる」。ボクはかなり焦っていたかもしれない。

達成感と焦燥感の狭間にひょっこり頭をもたげたのが、「そうだ、もう一度、海外で修行しよう」という斜め上を行くアイデアだった。

博士課程1年生のときにワシントン大学海洋学部へ留学したことが、ある意味ボクをＪＡＭＳＴＥＣへと導いてくれた。そして科学というモノは、ホントーに国境など関係なく大きく開かれているのだと知った。と同時に、多くの日本人の研究はアメリカではまだまだ過小評価されており、「世界の中での日本人」の至らなさを痛感したりした。

誇らしい研究ができたと達成感に浸っていた自分を冷静に見つめ直してみると、その研究成果に比べて、ボク自身はまだまだ研究者としてチンケな存在であると、はっきりわかってしまったのだ。そんな貧弱ゥゥゥな自分を鍛え直し、すこしも名の売れていない小物の自分に箔をつけるためにも（意訳：ポスドク後の就職先を探す際にハッタリをかませて有利にことを進めるためにも）、ここはもう一度海外で修行をしようと思ったのだ。

もはや十八番である木下藤吉郎ばりの計算高いボクが顔を出した。にやり。どうせ箔をつけるなら、いっそのことボクが尊敬してやまない微生物学者のところに行ってやろう。そうしよう。

やや話が脱線するのだが、その当時からいまに至るまで、ボクには変わらず尊敬している（そしていつかは超えたいと思っている）３人の微生物学者がいる。もちろん微生物学者以外にも尊敬する研究者はどんどん増えているけれども、微生物学者というくくりでは、いまも昔もこの３人なのだ。

「古細菌（アーキア）を発見した」孤高の人、アメリカのカール・ウーズ（１９２８〜２０１２）。

「生ける伝説、ゴッドハンド極限環境微生物ハンター」変人、ドイツのカール・シュテッター（１９４１〜）。

「天才的微生物学革命家」でも普通の人、アメリカのエドワード・デロング（1960〜）。

カール・シュテッターは第2話でも紹介した通りで、エドワード・デロングについては、第3話で海外研究員の派遣先の候補として考えていたとすでに書いたけれども、この3人がいかに偉大な微生物学者であるかをみなさんにもわかってもらえるいいエピソードがある。

一般にあまり知られていないことかもしれないが、世界で初めて顕微鏡を自作し、微生物の観察を行い、その存在を見出した微生物学の父と呼ばれる人物、アントニ・ファン・レーウェンフック（1632〜1723）は、オランダの商人だった。つまり微生物学は、ルイ・パスツール（1822〜1895）のフランスでもなく、ロベルト・コッホ（1843〜1910）のドイツでもなく、オランダで始まったと言えるのだ。

さらに世間にはまったく知られていないことと思われるが（実は多くの微生物学者も知らないんじゃないかと思う。ボクもつい最近知って驚いたばかりなのだ）、その微生物学の祖国とも言えるオランダでは、オランダ科学アカデミーが10年ごとに、その10年で最も顕著な発見を行った微生物学者に対して、「レーウェンフック・メダル」を授与しているのだ。言わば微生物学におけるノーベル賞である。

ノーベル生理学・医学賞やノーベル化学賞は毎年授与されるのに対して、レーウェンフック・メダルは10年に1度だ。その狭き門ぶりはノーベル賞の比ではないということをすこし誇張したいッス。最近はそうでもないけれども、ノーベル生理学・医学賞や化学賞の初期の受賞者には、微生物学者が名を連ね、微生物学は最も注目を浴びた研究分野でもあったのだ。

1895年受賞のルイ・パスツールや1935年受賞のセルゲイ・ヴィノグラドスキー（1856～1953）は、「細菌学の父」と呼ばれるロベルト・コッホと並ぶ「微生物学界の三大巨頭」だ。しかも、13人のメダリストのうち2人はノーベル生理学・医学賞もゲットしている。世間には知られていない賞かもしれないが、実は……スゴいんです。

そして直近（といっても1992年と2003年）の受賞者2人に注目!!　カール・ウーズとカール・シュテッターって書いてありますね。これで理解できよう。ボクが尊敬する微生物学者が、決して地下アイドルの類いではないということを。

来年あたり第14代レーウェンフック・メダリストが発表される予定だが……「エドワード・デロング、あるで！」。さらに2025年の第15代には……「初めて日本人の戴冠、あるで！」

“微生物学のノーベル賞”レーウェンフック・メダルの歴代受賞者

受賞年	受賞者	国
1877年	クリスチャン・ゴットフリート・エーレンベルク	ドイツ
1885年	フェルディナント・コーン	ポーランド
1895年	ルイ・パスツール	フランス
1905年	マルティヌス・ベイエリンク	オランダ
1915年	デヴィッド・ブルース	イギリス
1925年	フェリックス・デレーユ	当時エジプト
1935年	セルゲイ・ヴィノグラドスキー	ロシア（ウクライナ）
🏅1950年	セルマン・ワクスマン	アメリカ
🏅1960年	アンドレ・ルヴォフ	フランス
1970年	コーネリアス・ヴァン・ニール	アメリカ
1981年	ロジェ・スタニエ	フランス
★1992年	カール・ウーズ	アメリカ
★2003年	カール・シュテッター	ドイツ
★2014年?	エドワード・デロング（高井予想）	アメリカ
★2025年?	ふふふ	日本

そのレーウェンフック・メダリストを列挙した、マニア向けネタが上の表である。

＊🏅印はノーベル医学・生理学賞受賞者、★印が高井推し微生物学者

そんな妄想はさておき、「達成感から生じる焦燥感」をこじらせたボクは、この第13代か第14代（予定）のレーウェンフック・メダリストの研究室での修行を企てた。

その企みをボクの大ボスである掘越先生に相談したところ、「カール・シュテッターの研究室なら行ってよし」という許可が下りた。カール・シュテッターは、南ドイツのバイエルン地方出身の変人で、常時アドレナリンを120％大放出しているような暑苦しさ、バカにはバカ、くだらない研究にはくだらないと言ってしまう正直さ、「地球上の超好熱菌のすべてを自分の手で明らかにしたい」という独占欲の

強さ、そして「研究は格闘技である」と言ったかどうかは定かではないが彼がそう言ったと聞いても誰も異論を唱えることはないと思えるほどの好戦的な性格のため、世界中にやたらと敵が多い人だった。

特にアメリカ人研究者たちから「バーバリアン（野蛮人）」と呼ばれ、さらに言うと、ボクが最初に留学していたワシントン大学海洋学部のジョン・バロスとは不倶戴天《ふぐたいてん》の敵対関係にあったことはすでに第2話で紹介した通りだ。

しかし、掘越先生とは気が合うらしく、カール・シュテッターの研究室でのスパイ活動には大賛成のようだった。逆にエドワード・デロングはボクたち若い世代にとってのスーパースターだったが、掘越先生が言わばエルビス・プレスリー世代だとすれば、デロングはマイケル・ジャクソン世代に相当するわけで、「ワシは好かんぞ、あんな浮ついたのー」的な反応だった。

というわけで、急遽「私をカール・シュテッター研究室に連れてって」作戦が展開されることになった。

その2 一子相伝の秘奥義「バクテリア・アーキア一本釣り法」

フランスで催された国際学会の帰り道に、ボクはドイツのレーゲンスブルク大学のカール・シュテッターの研究室を訪ねることにした。

ボクがＪＡＭＳＴＥＣに来てからやった「深海熱水環境における始原的アーキアを含む微生物の驚くべき多様性」という研究については、このときすでに別の国際会議で発表しており、カール・シュテッターその人からも「やるじゃねえか、テメエ。ウチ来る？」というお褒めの言葉を頂戴していた。

カール・シュテッターの研究室ではそのころ、「光ピンセット顕微鏡を用いたバクテリア・アーキア一本釣り法」という一子相伝の秘奥義が完成されつつあった。

この「光ピンセット顕微鏡」というのは、非常に高度な物理現象を用いたものなので、ここで詳しく説明をするのは難しいのだが、顕微鏡の視野に、絞りに絞ったレーザー光を当てるとその焦点のわずか下に吸引力が生まれ、極小の物体（ＤＮＡのような分子や微生物細胞）を捕獲できるというものだ。

捕獲した1匹の微生物を、そのままお好みの極小ガラスチップのような培養スペースに誘導し、強制的に分離するというのが、カツオの一本釣りっぽいでしょ。

別の喩えで言えば、グレイと呼ばれる宇宙人が、UFOに乗ったまま牛や人間を吸い上げて誘拐し、アンナことやコンナことをしちゃうぞ、というアブダクトのような感じだ。顕微鏡の下で目的のバクテリア・アーキアを1匹だけつまんで誘拐するという矢追純一（まったく本筋とは関係ない人物のため知らなければ無視してクダサイ）的SFチックな技なのだ。

この新しい微生物1匹操作技術は「自然環境に生息する微生物の99・9%は所詮人間の手では分離できないのじゃ！」と、ロベルト・コッホ以来、微生物学で伝承されてきた暗黒の常識をも打ち破る可能性があった。

しかし残念なことに、いくらその技術開発論文を読んでみても、誰もその詳しいところがよく理解できない、謎に包まれたモノだったのだ。カール・シュテッターに聞いてみても「アレは実際見なきゃワカランわ。それにワシは資格のあるヤツにしか教えんからの！にゃむ」と言われる始末。それがカール・シュテッター研究室にだけ伝わる「一子相伝の秘奥義」と呼ばれる所以《ゆえん》でもあった。

ボクはエドワード・デロングが開発した分子生態学的方法によって、生体機能がよくわからない始原的なアーキア（古細菌）が深海熱水にウジャウジャいることを世界で初めて発見していた。その研究成果を最初に発表したとき、ボクが見つけた始原的なアーキアたちをこの光ピンセット顕微鏡の一本釣りで分離してみたいとカール・シュテッターに直訴してみたのだ。

全身をくまなくギロギロと眺め回した挙げ句、高圧的にいろいろな質問を矢継ぎ早に投げかけてきたカール・シュテッター直々の身体・頭脳検査の結果、どうやらボクは道場への入門を許可されたようだった。

そしてとうとう初デート♥で相性チェックに相成った、というのが今回の研究室訪問までの成り行きである。しかし、なんせ相手は微生物界の超大物変人、カール・シュテッター。2人きりで会うのはさすがにボクもドキがムネムネしっぱなしだった。

しかも当初は学会で会ってそれなりに打ち解けたあと、研究室を訪ねる予定だったのに、カール・シュテッターの突然の学会参加キャンセルにより、ボクたちは直接レーゲンスブルクでしっぽり落ち合うことになってしまったのだ。

レーゲンスブルクのホテルに着いたボクは、週末だったので大学ではなく、事前に教えてもらっていたカール・シュテッターの自宅に恐る恐る電話をかけた。もし本人以外の家族が出て英語が通じなかったら、必殺のカタコトドイツ語を披露するしか手だてはない。

「イッヒ・ビン・ケンタカイ」ぐらいしかしゃべれなかったが。

電話に出たのはとてもキレイな英語を話す若い女の子だった。カール・シュテッターの娘さんだった。電話越しに「パパに代わるね。パパァー！ ケンから電話よー！」と言われたとき、「パパ？ あのカール・シュテッターがパパなのか？」とひどく混乱したけれども、どうやら家では思いのほかまともな人間らしいとわかって安心したのを覚えている。

そして、あのカール・シュテッターが、週末のあいだボクにみっちり付き合って、大学やら街やらを案内してくれたんだ。

あまりの親切ぶりにボクはびっくりしてしまった。「どうしてアナタはボクのような日本の名もなき若者にそんなに親切にしてくれるのですか？」と尋ねると、カール・シュテッターはボクをマジマジと見て言ったんだ。

「ケン、オレはオマエが好きだー！」

キタァー！ マジ？ ソッチ方面の話？ 一瞬ボクは超前進守備態勢を取った。しかしよく聞くとソッチ系の話ではなかった。

カール・シュテッターは若いころ、その好戦的な性格がゆえに喧嘩ばかりしていてドイツでは完全に干されていた時代があったらしい（いまもだろ！ という生死を賭けたツッコミはそのときのボクには、いや現在のボクでも、できない相談だった）。

そのときに、アメリカのウッズホール海洋研究所の超大物微生物学者だったホールジャー・ヤナシュにとても世話になったらしい。外国の血気盛んな若者だった自分を当時の大物研究者が励ましてくれたことがとても嬉しかったと。だから「オレもそのお返しをいま、若いオマエにしているのさ」。

ボクはすごく嬉しかった。まるでホールジャー・ヤナシュからカール・シュテッターに渡されたバトンが、ボクに渡されたような気がした。

もちろん、それは単なるボクの思い上がりに過ぎないことはよくわかっている。でも国境を、そして世代を超えて同じ高みを目指す「志を共有した研究者」に代々受け継がれていく、スピリットやソウルのようなモノ、があるのは間違いないと思う。そのスゴーく大事なナニかをこのときカール・シュテッターから受け取ったように思う。

そんな大事なナニかをボクに授けてくれたカール・シュテッターはその後、ゲフゲフといたずらな笑みを浮かべ、彼のご自慢の愛車であるいかついBMWのコンバーティブルの助手席にボクを監禁拉致した。

行き先はドイツ名物である速度無制限のアウトバーン。彼はボクにオーバー300㎞／hの世界をオープンカーで堪能するという未曽有の恐怖体験もしっかり授けてくれた。

でもそんな想いや愉快な思い出とは裏腹に、その後ボクがカール・シュテッターの研究室で武者修行することはなかった……。

海底下生命、そらウチでもやらなあかんやろ！ その3

1998年の終わり、JAMSTECには巨大な新しい奔流が渦巻いていた。地球深部探査船「ちきゅう」の建造が決定し、「国際深海掘削計画（Ocean Drilling Program＝ODP）」に続く巨大国際研究プロジェクト「統合国際深海掘削計画（Integrated Ocean Drilling Program＝IODP）」を、日本が主導国として、そしてJAMSTECが中心研究機関として推進してゆくことになったのだ。

1985年から始まったODPでは、アメリカが中心となって、世界中の海洋底を掘削し、海洋底および地球環境史の科学的解明が進められてきた。例えば、恐竜絶滅の巨大隕石衝突原因説を裏づける数々の証拠の発見などは、ODPの輝ける成果として喧伝されている。

そのODPの研究成果によって、それまでは「生命なんてぜったいいねえよ！」と研究者たちからタカをくくられていた深海底からさらに深く潜った海底下の泥や岩石の中に「ゲェー、こんなに微生物がいたの?」と言いたくなるほどの大量の微生物が存在していることもわかりつつあった。

そんなわけで、翌1999年には「陸域地下と海底下こそ、地球最大の生物圏なのだ」という論文が発表され、にわかに海底下に注目が集まり始めた。

そして新しいIODPでは、「海底下生命の謎に挑むかんな」という新機軸を掲げることになった。その主導国である日本の、さらに中心研究機関たるJAMSTECは、「そら(ウチでも海底下生命の研究もやらな)あかんやろ。そういうもん(世界最強の海洋研究所として当たり前の話)やろ」と慌て出したのだ。

JAMSTEC上層部と微生物グループ大ボスの掘越先生が赤坂の料亭で水戸黄門の悪代官と越後屋のように「オヌシもワルよのぉー。ちょうど活きのエエ若い衆がおるわい、ケッケッケ」と密談したかどうかは知らないが、すっかり「ドイツに行くぜ。深海熱水から始原的アーキアを分離するぜ」な気分になっていたボクに「もう深海熱水は時代遅れよ。これからは地殻内微生物の時代よ。外国に武者修行に行ってもええけど、地殻内微生物研究をやっているところに限る。そして帰ってきたらJAMSTEC海底下微生物研究グループを立ち上げろ。異論は認めない」というギョーム命令が下ったのだ。

ボクはかなりカチンときた。ＪＡＭＳＴＥＣに雇われているならともかく、ボクはあくまで居候の身分だったはず。なのに、大好きな深海熱水の微生物の研究を打ち止めしてまで、海のモノとも山のモノともつかない地殻内微生物の研究をやれと？

有無を言わせない人生初のギョーム命令に条件反射的に反発を覚えながらも、「ほほう、オヤジにもようやくこのテンサイのスゴさが理解できたようだな。このテンサイがＪＡＭＳＴＥＣの新しい研究プロジェクトには必要だと」と『スラムダンク』の桜木花道のようなセリフをボクはひとりごちた。

さらに、キラーンとこんなナイスアイデアも浮かんだ。

「深海熱水というのは、海底下数kmから上昇してくる熱い水の流れだ。温泉もそうだ。ということは深海熱水や温泉は、地殻に開かれた窓なんだという理屈をこねて、地殻内微生物の研究をやるフリしてごまかせば、深海熱水の研究をやりたいほうだい。しかも無条件でＪＡＭＳＴＥＣからの接待就職つき。これぞ一石二鳥、漁夫の利。やはり天才？」

ホントーはもうちょっと青春の深い葛藤があったはずだと思うのだけれど、よく思い出せない。とりあえずそういう腹黒い思いに身を任せることで、自分の気持ちに折り合いをつけたように思う。こうして、カール・シュテッターの研究室に武者修行に行く代わりに、ボクはアメリカの北西部ワシントン州に再び舞い戻ることになったのだ。

しかし今度の行き先は大好きなワシントン大学ではなく、リッチランドという内陸砂漠のど真ん中の田舎町にあるパシフィック・ノースウエスト国立研究所という、あまりパッとしない研究機関だった。

このパシフィック・ノースウエスト国立研究所は、アメリカエネルギー省の管轄で「世界で初めて原子爆弾を作った場所」として知られている。原子力関係の国家的機密研究やら放射性廃棄物の地下貯留やら、なんとなく後ろめたいことも研究しているようで、研究所は人間社会との接触をできるだけ避けるかのように、果てしなく続く荒涼としたコロンビア川洪水玄武岩帯の砂漠のど真ん中に建っていた。ここは、およそ1500万年前から1000万年前にかけて、アメリカ合衆国のワシントン州、オレゴン州、アイダホ州にまたがるおよそ20万㎢を埋め尽くしたマグマの噴出が創った台地である。

放射性廃棄物の地下貯留なぞを扱っている行きがかり上、この研究所では、万一に備えて地下水の化学やら微生物の動態の研究を1990年代から進めており、深部地下微生物の研究では先端を走っていたのだ。

1995年には、この研究所に所属するトッド・スティーブンスとジム・マッキンリーが、次のような論文を発表した。コロンビア川洪水玄武岩帯の地下においては、玄武岩と地下水の「なんてことのない」化学反応によって大量の水素が発生する。その水素を食べて生きる、つまり太陽光の光合成による生態系から完全に独立した「地球を食べる」地殻内独立栄養微生物生態系（スライム）がそこにはあるのだ、という「スライム仮説」である。そして、このスライムこそ、地球最古の生態系や、地球外生命生態系に最も類似したシステムなのだと彼らは主張した。

こんな主張を、「最古の生態系は深海熱水で生まれたのだ」と信じてやまないボクが見過ごせるはずはあろうか。

アメリカ最先端とやらの実力を見せてもらおうか。その最古の生態系とやらの実力を拝ましてもらおうか。そしてその先端性をちゃっかりスパイさせてもらおうか。

それが、ボクがパシフィック・ノースウエスト国立研究所に向かった理由だった。

そして1999年の春、ボクと妻は、西部劇映画でよく見るような、砂漠の風に吹かれて道をコロコロ転がるトゲトゲ草が本当にコロコロしている、殺伐としているのに「豊穣」と皮肉たっぷりに名づけられた町、リッチランドへとやって来た。

一気に話をまとめてしまうと、ボクはその砂漠の研究所で、深海熱水で鍛えた分子生態学的研究手法や微生物ハンティング技を使って、ニューメキシコ州のジュラ紀から白亜紀にかけての堆積層中の地下水微生物群集や、南アフリカの超深部金鉱環境の微生物群集の研究をドシドシ進めた。そしてアメリカ人研究者たちがびっくりするくらいの早業で、1年の滞在期間中に3報の論文を書き上げた。

パシフィック・ノースウエスト国立研究所で過ごした1年間では、博士課程1年生のとき留学先のワシントン大学海洋学部で感じたようなキラキラした青春の心象やココロの内面に届く影響をほとんど感じることはなかった。

おそらくそれは、研究者の卵である学生として留学していた前回と、プロフェッショナルな研究者として滞在した今回では、ボクの立場が大きく違っていることが影響しているのだろう。また、文化レベルの高くない砂漠の田舎街は、雅なシチーボーイだったボクのココロのヒダヒダに訴えるものではなかったことも事実だった。

たしかにこのパシフィック・ノースウエスト国立研究所での1年間は、人間・タカイケンには大きな影響を与えなかったかもしれない。

でも、それまで「深海熱水などの極限環境における微生物やその生態」の研究のみに囚われていたボクの視野を、ぐんと大きく広げてくれた。つまり、現時点での局所的な「環境―微生物」の相互作用ではなく、地質学的な時間スケールと、地球規模の空間スケールの流れの中で「環境―微生物」の相互作用を考えることがとても重要だと思うようになった。

言ってみれば、それまでのボクは、由緒正しき伝統と格式に彩られた微生物学の一学徒に過ぎなかった。それが、この研究所での研究生活を通じて、地球微生物学――歓楽街によくある「花嫁大学」みたいな名前のお店のようにイカガワシさ満点だけど――というエネルギーに満ち溢れた新しい研究分野の虜になったのだ。

ボクがこの新しい研究分野の虜になった理由はいくつかある。まずはじめに、この研究所で行った研究はすべて、多彩な分野の研究者たちが連携して取り組む学際研究プロジェクトだったこと。次に、大きな時間・空間スケールを持った対象にアプローチしていたこと。３つ目に、研究の鍵となる地下の水循環などのメカニズムを考えるには大いなる想像力が必要とされたこと。そして４つ目は、それぞれの分野の研究者が互いの専門領域に深く踏み込んで議論を行うことが当たり前だったこと。

そうして激しい議論を重ね、試行錯誤を繰り返し、苦悶して考え抜いた末に、あらゆる分野のデータがひとつのクリアな解釈にストンと落ち着く瞬間というのが、たしかに存在するのだとボクは知った。

その瞬間、まるで「この世界を完全に支配した」とすら錯覚してしまうたまらない征服感と至高の知的感動を同時に味わえるのだ。この知的感動は、ひとつの分野だけを研究していたのでは決して味わうことができない。様々な分野の研究者が集結して初めて到達可能となる領域なのだ。そして、その領域にいかにして迫るかという研究の心構えや思考こそが「地球微生物学」の真髄と言ってもよく、ボクはパシフィック・ノースウエスト国立研究所での研究生活においてそれを垣間見たような気がした。

この2回目のアメリカ武者修行を終えたあと、ボクは自ら地球微生物学者と名乗るようになったのである。

人生最大の恐怖体験　その4

結局、パシフィック・ノースウエスト国立研究所でのボクのスパイ活動は、「2000年10月にJAMSTEC海底下微生物研究グループを立ち上げるから帰国せよ。異論は認めぬ」という再びのギョーム命令により終わりを告げることとなった。

この2回目のアメリカ滞在を思い返したとき、どうしても忘れられないエピソードが2つある。それを書き記して、次章「JAMSTECの拳—天帝編—」に移ろう。そうしよう。

ひとつ目のエピソードは、ボクの母親が砂漠の田舎街、リッチランドに遊びにやってきたときのものだ。1999年の晩秋だったと記憶している。

リッチランドは2、3日滞在すると見るべきものがなくなってしまう何もないところだったので、長期滞在する来客があった場合、3時間ほどドライブしてシアトル近辺に出かけるのが定番だった。

そのときも、一度シアトルへ行き、ワシントン州フェリーでポートタウンゼントやポートエンジェルスを経由して、カナダのビクトリアへと渡り、再びワシントン州フェリーで、アメリカのフライデーハーバー（2008年ノーベル化学賞を受賞した下村脩博士がオワンクラゲを研究していたワシントン大学に属する研究所がある場所）、アナコーテスと巡ってシアトルに戻ってくるという旅程を立てた。

ワシントン大学留学時代からこのコースは何度も訪れていたので、ボクにはこれといった目新しさもない。あくまで母親を喜ばせるための旅行であり、たまには風化した玄武岩と砂とコロコロ草以外の緑溢れる自然を楽しもう、というぐらいの気持ちで出かけたはずだった。

なのに、ビクトリアからフライデーハーバーに向かうフェリーの甲板でひとり、宮城県の松島によく似た海と島の風景を見て佇んでいたボクは、いつの間にか溢れる涙がほほをつたっていることに気がついてびっくりした。

なぜかわからないけれど、ボクはいままでに感じたことがないぐらい海が美しいと思ったのだ。美しい海を見ていたら、懐かしい気持ちと悔しい気持ちがないまぜになって、ボクは抑えられない感情の昂ぶりを感じた。海が美しい。それが、自分でも驚いた涙の理由だった。

「安西先生……、海の研究がしたいです」

21歳で研究の世界に足を踏み入れて以来、ごく当たり前につねにボクの目の前にあった海の世界。ときに光り輝く太陽の下で美しく穏やかに凪ぎ、ときに身体と精神を蝕むような猛威と憂鬱を見せる海。そして、誰も見たことのない宇宙のような広大さと奥深さを持った深海と、そこに生きる多様な驚くべき生命。

海から遠く隔たった砂漠の街での1年間の研究生活は、ボクがずっと前から、ココロの奥底から、海に魅せられて虜になっていたことを初めて気づかせてくれたのだ。

思えば、ボクの研究者としての成長は、いつも海とともにあった。

ボクは涙をぬぐい、「JAMSTECに帰ったら、ボクの残り少ない青春をすべて、大好きな海の、深海の研究に賭けよう」。そう誓ったんだ。

と、せっかくイイ感じのエピソードを紹介しておきながら、それなのに、なのに……最後にオチのエピソードを持ってこずにはいられない関西人なボクの性分が憎いぃぃぃ。

というワケで、忘れられないエピソードの２つ目を紹介しよう。アレはもうＪＡＭＳＴＥＣに戻ることが決まった２０００年の３月ごろだっただろうか。

そのころボクは滞在中の研究成果をまとめるため、一旦晩ご飯を食べに家に戻り、再び研究所に戻って深夜の２時ごろまで仕事をするという生活を送っていた。アメリカの大学や研究所では、掃除を請け負う清掃関係の人以外、夜遅くまで仕事をする人はとても少ない。

その日も夜中の２時過ぎに仕事を終え、誰もいない研究所の玄関を出て、車に乗り込み、帰ろうとした。この研究所はイロイロ表沙汰にしたくない研究も（たぶん）行われているはずで、そのせいもあってか、夜になれば車さえほとんど通らない人里離れた砂漠のど真ん中に建っている。

車をスタートさせた瞬間、なんとなくイヤな気配がした。フロントガラス越しに暗闇の空を見上げた瞬間、ボクは凍りついた。

ボクの車の上空数百mぐらいだろうか。映画『インデペンデンス・デイ』（1996年）に出てくるような謎の巨大な物体が、色とりどりの無数のライトを点滅させながら、浮遊していたのだ！

いくらボクが矢追純一（先ほどは、まったく本筋とは関係ない人物のため知らなければ無視してクダサイと注釈したが、ここではまったくもって本筋だわ。日本テレビ系列でUFO関係の娯楽テレビ番組を作り続け、ボクを含む数知れない日本の子どもたちを恐怖のどん底にたたき落した張本人。最後までアレは真実だと言ってほしかったぜ）ワールドのファンだとしても、一応Ph.D.（＝博士号）を持ったプロフェッショナルな科学者だ。ガラスの反射や飛行機という可能性を疑うことは当然だ。車のスピードを上げ、目をシパシパさせ、上を見ないようにまっすぐ前を向いてネガティブコントロールを取ってから（真正面には巨大物体のようなものは何も見えないことを確認してから）、もう一度上空を見上げた。

うわ！　また真上におるやん。しかもぴったりついてきてるやん。なんかピカピカしてるやん！

ボクはホントーにおしっこをチビリそうになった。「これがいわゆるアブダクトいうヤツか。地球人の中でも飛び抜けて優秀な知能を持つオレ様に目をつけたのか？　やはり天才？」。そんな冗談をかます余裕もなく、ボクは猛スピードで妻の待つ我が家へ車を走らせた。そして、車から降りると、ＵＦＯに吸い上げられないように猛ダッシュで家へと駆け込んだ。

そして妻に抱きつきながら「もうオレはだめだ。奴らに誘拐される。もしオレが消えたら、宇宙人に誘拐されたと思ってくれ。たぶんメンインブラックがやってくるぞ」と恐怖体験について語った。

妻は頭ごなしに否定することなく、柔和な笑顔で微笑みながらボクの話を聞いてくれた。おかげでボクはようやく落ち着きを取り戻し、さっきのはたぶんボクの見間違いだろうという気分になってきた。そしてその日はぐっすり眠ることができた。

翌日には、ボクはすっかり昨日のことは忘れていた。そして、いつものように夜中の2時ごろに仕事を終えて帰ろうとしたとき、ふと昨日の出来事を思い出してしまったのだ。「ははは、まさかね。昨日は疲れで変なものを見たんだよ。ありえない、ありえない」

そう言いながら、でもなるべく空を見ないようにして早足で車に乗り込んだ。そしてエンジンをかけて、車を走らせてやや落ち着いたところで、まあ一応確認してみるかと思ってフロントガラス越しに暗闇の空を見上げた。

うわ！　昨日と同じような巨大な物体が、色とりどりの無数のライトを点滅させながら、車の真上を浮遊している!!　しかもご丁寧に今日は2機に増えている！！！！

もうダメだ。ボクは生きた心地がせず、フルスピードで車を飛ばした。明日にはボクは地球上にいないかもしれない。ほうほうの体で家に辿り着くと、ベッドの中でブルブルと震えて過ごした。

次の日からボクは、日が暮れたあとは一切外出しないようにした。昼間といえども、なるべくひとりにならないようにした。いつも空を見て、変な飛行物体がいないか確認するようになった。そして、もしものときに証言してくれるように、なるべくいろんな人にボクの見たモノのことを話して回った。

多くのアメリカ人は、ボクの話を信じてくれたようだった。たぶんボクが見たのは、エイリアンの乗り物ではなくて、軍の開発中の未確認飛行物体だったのではないかという意見が多かった。たしかに研究所の近くには有名な「エリア51」のような軍の演習場があった。

研究所付近の上空以外であの変な飛行物体を見たことはなかったし、地球上から誘拐されることなく現在も元気に過ごしている。なので、たぶんそうだったんだろう。しかし、たとえ軍の飛行物体だとしても、あの体験は人生最大の恐怖体験だった。そのせいでこの出来事から数ヶ月のあいだ、日本に帰って来てからも夜にはＪＡＭＳＴＥＣの建物から空を見上げてヘンな飛行物体がないか確認するようになってしまった。

嘘のように聞こえるかも知れないが、ボクが見たのは、その由来はどこであれ、間違いなく未確認飛行物体だった。

でももしかして、最近ボクが熱病にうなされたように「時代はアストロバイオロジー（宇宙生物学）なんじゃあ」とかほざいているのって、まさかボクの脳内に埋め込まれた微小なチップのせいってことはないよな。ハハハ。へへへ。ヒヒヒィー。ギロリ……、グワァ。

第６話

JAMSTECの拳
―天帝編―

「ボクの残り少ない青春をすべて、大好きな海の、深海の研究に賭けよう」アメリカの海を見ながら、涙ながらにそう誓ったボク。孤立無援の研究スタイルから一転、互いの研究分野を横断しながら、JAMSTECの強力な仲間たちと大きなテーマに向かって無我夢中で走り始めた。

その1 ボクの残り少ない青春をすべて、深海の研究に賭けよう

この章からは、ワタクシの研究の方向性が、それまでの個人的な妄想プレーを中心とした4畳半的青春モノから、様々な背景や分野・考えを持ついろんな研究者たちとの関わり合いのなかで、大きくふくらんだりへっこんだり、アイデアが寄生獣のようにニョキニョキ突起してきて他人を巻き込みながら進んでいく、というやや「ビバリーヒルズ高校白書」人間関係的青春モノへと変わる、そんな物語展開になるはずです。

その意味では、新しい登場人物の出現を予感させる「JAMSTECの拳—天帝編—」は瞬間的なその場の思いつきの割には悪いタイトルでないと言えるかもしれません。

「JAMSTECに帰ったら、ボクの残り少ない青春をすべて、大好きな海の、深海の研究に賭けよう」。そうアメリカで誓ったボクは、2000年の春に再びJAMSTECに戻ってきた。

実はアメリカ滞在中に、あともう1年ほどスパイ留学生活をしてはどうか、という案もかなりの現実性をもって降って湧いたこともあったのだけれど、前述のようにJAMST

ECに地下生命圏研究のグループを2000年10月に発足させたいという上層部の思惑があり、それに間に合うように「帰国すべし」というお達しがあったため、1年での帰国となったのだ。

「所詮、組織というのは理不尽なモノよ。だがやはり、ふっ、この天才の力がどうしても必要なようだな！　ならば仕方あるまい！」となるべく恩着せがましくふてぶてしく帰国したかのように見せかけておきながら、自分でもびっくりするほど、海の研究に深く魅せられていることに気づいてしまっていたボクは、「シメシメ、ムフムフ」とはやる気持ちを抑えて小躍りしながら帰ってきたのだった。

帰国したボクには、差し当たって考えなければならない懸念事項が2つあった。

ひとつはこの年の9月末で、科学技術特別研究員としての3年間の任期が満了となることだった。つまり、JAMSTEC居候生活のあと、どう身を振るかということだった。

なんとなくここまでの話の流れから、このままボクはJAMSTECの研究員として雇われ、新しい研究グループの中核を担ってゆくのだというようなニュアンスを機敏に感じ取ってはいたが、あくまでそれはボクが自分に都合よく解釈しただけであって、そのように明言されていたわけではなかった。

それに、ボクはJAMSTECに赴任した最初の日にカトーさんに言われた「3年後の就職先をいまから探しておけよな！」という言葉を頭から消し去ってはいなかった。

ＪＡＭＳＴＥＣにさんざん煮え湯を飲まされてきた過去を持つボクの自己防衛本能は研ぎ澄まされ、「ＪＡＭＳＴＥＣ発の耳触りのいい言葉を額面通りに受け取るとたぶん……マズい」と、警報が鳴っていたのだ。

なので、ボクは帰国すると速やかに、大ボスの掘越先生に「ボクの任期が9月いっぱいで切れるんですけど、掘越先生はボクのその後についてはどういうお考えですかねぇ……、もじもじ……チラッ」と、すこしカワイコぶりっこして聞いてみた。

すると掘越先生はニヤッと笑って、「オイ、いまさらココから逃げようと思うなよ。誰もやったことのない新しい研究分野を切り拓くんだ。もしかしたらなかなかうまくいかないかもしれないが、10年くらいは腰を据えてやってみろ！」と言った。

「ＪＡＭＳＴＥＣなんて信じられない」に至る病を発症していたボクも、さすがにこれは信じるしかないだろうと思った。そして、この3年弱のあいだ、自分なりに戦略を立てて一生懸命やってきたことは間違いじゃなかったとわかって、とても嬉しかった。

ではここで、「ボクなりの戦略」というものを紹介してみよう。

まず、心やさしいヤンキーだった幼なじみの金言、「ヤンキー（研究者）は最初になめられたらおしまいよ。最初から、がんがん（研究成果で、特に論文発表で）ツッパっていかなあかんやろ」だ。カッコ内を置き換えれば、ポスドク研究者にとっても至言と言える。

そして次に、いまソコにある現実（現時点で最速・最大限評価されうる論文を書ける研究テーマ）と将来辿り着くべき理想（成し遂げたいと考える研究テーマ）をいかに両立させるかという、自分で考えた戦略だった。

この戦略は、最初のアメリカ留学のとき、ワシントン大学の研究仲間だったジム・ホールデンが日本人研究者の論文の少なさに驚いて思わず口にした「えっ、大学の研究者なのに論文ないやん！」という言葉に強く影響されているような気がする。

プロの研究者は、国も文化も言葉も違う「世界」というステージで勝負している以上、世界共通の開かれたコミュニケーション媒体である研究論文が存在のほぼすべてなのだ。

ここで言う論文とは、専門の近い、能力の認められた複数の研究者によって査読された（ピアレビューと言う）、英語で書かれたもののことである。研究者の能力も、夢も、想いも、人間性も、基本的にはすべて研究論文のみを通じて理解される、厳しくもあるが屹然とした美しいルールが適用される世界なのだ（とボクは思っている）。

研究論文こそプロの研究者のレーゾンデートル（存在理由）である以上、「オレの挑戦しているテーマは、全人類の知における極めて重大な問題であり、それゆえその解明は箇単ではない。だからそこに至るまで、オレに論文がないのは仕方ないのだ」という言い訳は通用しない。

もちろん、ボクが尊敬する微生物学者カール・ウーズのように、論文が書けない状況でありながら、自分の信じた研究の成功を信じて10年近く膨大な数の実験を重ね、最終的に偉大な成果＝「古細菌（アーキア）の発見」に結びつけたという例もある。その他の研究分野でもそういう感動とスペクタクルに満ちたサクセスストーリーについてはよく耳にする。

しかし残念ながら、世界を見渡しても短期的な成果を厳しく求められる風潮が跋扈《ばっこ》しつつある昨今、そういう武勇伝が新たに生まれる余地はかなり少なくなっていると言わざるを得ない。

いずれにせよ、大多数の若手研究者にとって研究論文を書かずしてそのポジションを、ひいてはその研究を続ける環境基盤と情熱を維持できるほど世の中は甘くないのだ。

だからこそボクは、「将来辿り着くべき理想」である「深海熱水から地球生命は誕生した」という大きな研究に挑戦するならば、そこに至る具体的な戦略やビジョンが自分のアタマの中に完全に組み上がるまで、「いまソコにある現実」、つまりある深海熱水やそこに棲む（微）生物に関して、まだ誰も目をつけていない、あるいは気づいていない空白の研究領域を見つけ、そのときどきでベストな研究で論文を書き続けながら、自分を成長させつつ、周りに認めさせつつ、その大きな大きなテーマに一歩ずつでもいいから近づいていこう、そう誓ったのだ。

いまでこそJAMSTECの同僚や同業研究者に、この本も含めて「研究の本道を踏み外し課外活動に熱心なばかりに芸人研究者に身を落としたwwww」などと半分冗談、半分本気で揶揄されるボクだが、研究論文原理主義者ぶりはそのころからまったく変わっていないと思う。

「研究論文が書けなくなったとき、それがプロの研究者としての死よ、そらそうよ」

ただ最近、大きな研究テーマを追究するプロジェクトを成就させるためには、研究論文や自分の研究能力だけではどうしても越えられない高い壁があるということに気づいてしまったのだ。課外活動は「わかり始めたマイレボリューション、（課外活動は）明日を変えることさ」という、渡辺美里主義に基づくものだ。

ともかく、プロの研究者になってから3年、自分なりの研究者像を思い描いてがんばってきた結果、ボクは晴れてJAMSTECの正式な研究員として迎え入れられることがほぼ決まったようだった。こう振り返ってみると、それはとても長い道のりだったような気もしてくるが、実際にはそんな感傷は一切なかった（笑）。

ただし、当時のJAMSTECの正式研究員は、1年契約だわ（多くのプロスポーツ選手と同じ）、ボーナスなしの年俸制だわ（なんと科学技術特別研究員には年3回の賞与があり、初ボーナスをもらったときはボーナスってこんなに嬉しい誤算なの？ と涙した思い出ボロボロ）、その結果総収入は20％程度下がるわで、「でも……結構お寒いんでしょう」的な雇用条件だったことは決して忘れない。

その2 「生命の起源」研究は別腹で！

そして、2つ目の懸案事項というのも、いま書いたことと関係しているモノだった。

1997年秋にJAMSTECに来てから、最初の1年半のあいだに、ボクは遺伝子解析を用いた方法で、深海熱水環境に始原的な古細菌（アーキア）をはじめとする多様な微生物が生息していることを明らかにすることができた。その研究は、自分で言うのもアレだけれど、かなり時代の先端を行くモノだったので、掘越先生やJAMSTECの同僚たちから「タカイの研究スゲエよ」とタチドコロに認められたわけではなかったと思う。

むしろボクの研究論文を読んだ海外の大物研究者たちが、「JAMSTECのタカイとかいうワカゾー、なかなかやりおるやん」と折につけ掘越先生やJAMSTECの研究者に耳打ちやら告げ口やらタレコミしてくれたことによって、逆輸入的に認められていったような気がするのだ。当時のボクは「日本人ってホント外圧にヨエーよな」とナマイキな口をきいていた記憶がある。

だが、このころから「次の研究をドーする?」という思いがいよいよボクの頭の中を占めるようになっていた。その答えを見つけに行くとか適当な理由をつけて、先ほども書いたようにボクはアメリカのパシフィック・ノースウエスト研究所へ2回目の留学に出かけ、そこで1年を過ごしてJAMSTECに戻ってきた。つまり「次、ドーする?」の答えをそろそろ出さなくてはならないというのが2つ目の懸案事項だった。

「深海熱水から地球生命は誕生した」という、ボクが深海熱水の研究に魅せられた理由である大きな命題に対しては、「どうやら実際に深海熱水には遺伝的に始原的な古細菌(アーキア)が生息している」という研究結果を出すことができ、たしかな一歩が踏み出せた。次は、その始原的な古細菌がナニモノであるかを明らかにしたいと思った。そのためには、まずソイツらを培養・分離し、観察するのが一番の近道であることは間違いなかった。

こう書くと何も悩むことはないように見えるかもしれない。しかし、それは極めて難度の高い研究でもあったのだ。前述したように、自然環境に生息する微生物のほとんどは微生物ハンターの網の目をすり抜ける「培養・分離できない微生物」であり、たとえ『ゴルゴ13』なみの超一流のハンターであっても、その環境中に生息する特定の獲物（微生物）を狙い通りに分離するのは、不断の努力と忍耐を重ねた上に「スーパーマリオブラザーズ」のキノコのようなラッキーアイテムがないと難しいことだった。

生命の初期進化に直結するような極めて起源の古い始原的古細菌のハンティングという、一発勝負のような研究にすべてを賭けるのは、正直、研究者にとってギャンブルのようなものである。ここはひとつ、より現実的で生産的な研究テーマを主食とし、デザートのポジションにそのような試行錯誤を据えてみるのはどうか。「別腹よね～」的な成果が派生するかも……というやや堅実な目論みがボクにはあったのだ。

つまり「人生は一か八かのギャンブルよ」という情熱と、「まだまだ勝負どころはココじゃない」という冷静のあいだで、冷静のほうが上回っていたということだ。

現実的かつ生産的でありながらも、おもしろくかつインパクトがあり、さらにデザート的研究をちゃんと別腹に収められるような主食的研究テーマがボクには必要だった。そしてそれこそが先ほどの「次、ドーする？」の答えでもあった。

ボクのそれまでの研究では、南西諸島の西側に沿った東シナ海の海域、沖縄トラフの伊平屋北、伊平屋凹地、さらに伊豆・小笠原弧の明神海丘、水曜海山といった熱水活動域の熱水やチムニーに生息する微生物が対象だった。それらの微生物多様性の比較をしているうちに、同じような熱水噴出孔チムニーであってもそれぞれの地域の熱水フィールドでは生息する微生物群集が大きく異なるということに、ボクは興味を持った。

そして、アメリカに2回目の留学をしているときに研究していたテーマも、地下微生物群集が、その生息環境の物理・化学的条件、特に微生物のエネルギー獲得のために用いられる化学物質の存在量や分布パターンに強くコントロールされるという地球微生物学的なものだった。

それは、深海熱水の微生物にも応用できそうだった。

「もしかして、深海熱水における微生物生態系の多様性は、噴き出している熱水の化学条件によってコントロールされているのでは？」

アメリカ滞在中から、「次、ドーする？」の答えのひとつとして、ボクは日本に帰ったら、そのテーマについて研究してみたいとうっすら考えてはいたのだった。これなら、現在取り組んでいる熱水の微生物というテーマでも十分価値のある主食的研究ができるだろうし、もしかしたら深海における生命の誕生についても別腹的な成果が得られるかも、と期待できた。

ただ、現実的かつ生産的なテーマであるとはいえ、このテーマに取り組むには微生物学の範囲を超えた、分野を横断した研究をする必要があった。

アメリカで滞在していたパシフィック・ノースウエスト国立研究所では、微生物学者と地球化学者が近くに実験室を構え、密接に関わり合いながらひとつの研究テーマを追究していたからこそ、横断型研究が可能だった。

しかし、ボクはそれまで微生物学、あるいは広い意味での生物学しか知らなかった。深海熱水の物理・化学的性質まで網羅・理解する必要があるそのテーマを、JAMSTECに戻ってどこまで展開できるかは、自信がなかったのだ。

そんなボクの、唯一の頼みの綱は、渡米する前にJAMSTEC主催のシンポジウムで議論したことがある、九州大学大学院理学研究院の准教授の石橋純一郎さんという人だった。バブル期に流行した、ぶっとい黒いセルロイド縁の眼鏡を（2013年のいまも）かけた、特徴のある容姿をした深海熱水を研究する若き化学者だった。あとから知った話だけれど、石橋さんは「深海熱水」の化学的研究で博士号を取った日本最初の深海熱水博士だった。

当時その分野では、「石橋の右に出る者はなし」と言われていてもおかしくはなく（いまではこの分野の研究者もずいぶん増え、右に限らず前後左右に雨後の筍のごとく出没を許していているようだが）、それなりに偉ぶっていても良かったはずだが、本格的な深海熱水研究を始めて1年ちょっとのモノ知らずの微生物学研究者だったボクを相手に、石橋さんはものすごくフランクに濃密な議論をしてくれたのだ。

「ボクの研究結果によると、深海熱水における微生物生態系の多様性は、その熱水の化学条件と深く相関していると思うんです。熱水の化学とか地質条件から、微生物や生物の棲み分けを説明できませんかね～？」とボクが聞くと、石橋さんは「それこそ、ボクら熱水化学者がずっとやりたいと思っていることのひとつなんだよ～。たぶんそれが真実だと思うんだよ。でも実証が難しいんだよね～」と答えた。

ボクは瞬間的に本能で「この人はイイ人だ、そしていい研究者だ」と思った。石橋さんの理解力、包容力、結果の解釈に対する誠実さ、そして科学の真実の前ではあらゆる研究者は対等であるというスタンスをすぐに感じ取り、大好きになった。

そのときは議論だけで終わったけれど、その後、ボクのアメリカ留学中に石橋さんから一通のEメールが届いた。

2000年から日本で、「アーキアン・パーク計画」という大きな分野横断型研究が始まる可能性があるので、ぜひ高井さんも参画しませんか？　という内容だった。

アーキアン・パーク計画というのは、「深海熱水の地下には、原始生命の子孫であろう古細菌（アーキア）が、現在もなお繁栄している生物圏（パーク）が残されている」という仮説を、実際の海底熱水掘削を通じて検証しようとする研究プロジェクトだった。その仮説を映画『ジュラシック・パーク』（1993年）になぞらえて「アーキアン・パーク」と名づけたのだった（終了した研究プロジェクトなので、ホームページは閉鎖されているようですが、左のURLに行けば計画の概要の動画が見られます）。

▼http://www.lib.kobe-u.ac.jp/products/seimei/index.html

ボクは「うおー、なんて絶妙のキラーパス！」と思った。その研究プロジェクトの目指すところは、ずっと挑戦したいと思っていた「深海熱水から地球生命は誕生した」という大きな研究テーマと同じ方向性だった。さらに分野横断型研究を目指しているという点でも、ボクが日本に帰ってから「深海熱水における微生物生態系の多様性は、熱水の化学条件によってコントロールされていること」を主食研究にするならばぴったりの話だと感じた。

というわけで、帰国したボクの「次、ドーする？」は、数年間は「アーキアン・パーク計画」に関与しながら、主食研究である日本や世界の様々な深海熱水における微生物生態系の多様性を明らかにしつつ、熱水の化学的性質や地理的・地質学的特徴などとの関わりを探ろう、にほぼ決まった。

アーキアン・パーク計画は深海熱水域の海底下（地下）を対象としていたので、JAMSTECの地下生命圏研究としてもごまかしが利く、というか、そのものじゃないか。ウッシッシ。

しかし、JAMSTECの地下生命圏研究そのもの……。実はそれが、運命のいたずらを引き起こしたのである。

その3　この研究計画はオレ様のために存在するのだ

アメリカから帰って来てすこしして、当時は東京の中野にあった東大海洋研究所の講堂で「アーキアン・パーク計画決起集会」のようなモノが行われた。ボクはそれまで、日本にそんなにたくさん、深海熱水を研究している様々な分野の研究者がいることさえ知らなかったので、会合の盛り上がりと分野の広がりにびっくりするとともに、すごく刺激を受けた。

どうやらアーキアン・パーク計画のトップは、東京大学大学院理学系研究科の鉱床学・地質学者の浦辺徹郎さん（2013年3月に東京大学大学院理学研究科教授を退官された）のようだった。

会合では次のような目標が掲げられていた。

「深海熱水の地下には、始原的生態系の名残が濃い（つまり原始生命の子孫らしき）微生物生態系がいまでも残っているはず。だから、それをBMSという海底掘削マシーン（金属鉱業事業団＝現・独立行政法人石油天然ガス・金属鉱物資源機構が開発・所有していた海底設置型コアリング装置）で掘削し、生態系や、その兆候を見つけるべし」というものだ。

ボクがJAMSTECに来てからやった仕事というのは、まさしく〝その兆候〟である「始原的なアーキア（古細菌）が、伊豆・小笠原弧の明神海丘や水曜海山の熱水フィールドから得られた」という内容だった。

だからボクは、幼なじみの金言「ヤンキー（研究者）は最初になめられたらおしまいよ」に従い、「この研究計画はオレ様のために存在するのだ」みたいなナマイキモード全開で、その会合で講演をしたのだろう。そしておそらく多くの参加研究者が「ナマイキな若造ガー！」と思ったに違いない。そういう視線をビシバシ感じたことはほのかに覚えている。

石橋さんは「分野横断するためには、そういうキャラが必要なんだよ～」とフォローしてくれた。そして、その会合で一番記憶に残っているのが北海道大学大学院理学研究科助教授のメッチャナマイキかつアタマの良さそうな雰囲気を醸し出していた地球化学者、角皆《つのがい》潤《うるむ》（現・名古屋大学大学院環境学研究科教授）というオトコとの出会いだった。

角皆さんはボクの発表にとても鋭い質問をした（専門的なので内容は省く）。だが、ボクはその質問の意味がよくわからなかった。なぜならボクは「熱水化学のシロートだからよ！」状態だったから。ボクの的を射ない答えを聞いたとき、角皆さんはこう言ったんだ。

「わからないんならエラそうなこと言うな（ボケ！）。（ケッ）これだから微生物屋は、ふう（使えん！　カスが！）」

もちろんカッコ内は当時のボクの脳内変換（0・001秒）だが、間違いなく彼はそう言いたかったに違いない。

ボクは久しぶりに血湧き肉踊った。オープンな討論会のような場で、真正面からこれほどまで正統的で攻撃的な批判を受けたのはいつ以来だったろうか。アタマに血が上ったが、興奮に打ち震えた。「これがサイエンスの議論であり、本来学会発表で行われるべき真っ当な議論そのものだ」と。

「科学の議論においては、地位も名誉も年齢も性別も、そして互いのこれまでの人間関係や利害関係も、まったく関係はなく、すべからく対等であるべきであり、おかしいと思うことには自分の全存在を賭けて否定し、すごいと思ったら全身全霊で賞賛すべき」。そんな主義・信条を（たぶん）共有していると思われる、同い年ぐらいの超ナマイキな奴がいるということを知ることができたのがとても嬉しかった。

その後、この角皆さんとは、そこそこそれなりに（どうやら彼は生理的に関西人を受けつけないというヒトとして重大な欠陥があり、「すっかり」というわけにはいかなかった）意気投合し、いろいろ共同研究などを進めることになる。

そんな角皆さんとの遭遇も含めて、これまでにない多くの人や科学分野との出会いがあった刺激的な会合だった。そして「よっしゃー、オレがアーキアン・パーク計画を引っ張っていってやるぜ」と勝手に盛り上がった。

その会合から2週間くらい経ったころだろうか。アーキアン・パーク計画の研究プロポーサルを書く際の研究内容や研究費の分担を具体的に決める必要があったため、ボクは大ボスの掘越先生に相談をしに行った。

こういう研究申請に関しては、掘越先生は基本的に「まあ好きなようにやれ」と言うことが多かったので、今回のことについてもそう言うだろうとタカをくっていた。最初にアーキアン・パーク計画の話をしたときも掘越先生の反応は否定的ではなかった。

ところが返ってきた言葉は予想外のものだった。

「ウチのグループからその研究計画に関わることは一切禁じる」

それだけだった。

最初その言葉を聞いたとき、ボクは何がなんだかよくわからなかった。

そうしてボクは、だんだんと世に背を向け始め、挙げ句の果てには酒とドラッグにおぼれ……なんて、さすがにそんな三文小説にありがちな展開にはならなかったが、その後しばらくのあいだ「じゃあ、上の許可なんかいらねーよ。隠れて勝手にやってやる！」とヤサぐれていたのは事実だった。

しかしアーキアン・パーク計画関係者にメールを書いて事情を説明しているうちに、どうやらその「不純異性交遊禁止」条例のモト種は、掘越先生ではなく、ＪＡＭＳＴＥＣの上層部から発せられていることを知った。

「アーキアン・パーク計画の研究内容がＪＡＭＳＴＥＣで立ち上げようとしている地下生命圏研究と完全にバッティングしているから」という理由によるものだったようだ。同じ科学技術庁（当時はまだ文部省と統合されていなかった）の管轄下で、似たような役所誘導型研究計画が２つ存在するのはおかしいという議論があったらしい。

そしてその議論は、ボクの最も恐れていた方向に発展しようとしていた。つまりアーキアン・パーク計画が深海熱水の地下微生物を扱うのならば、JAMSTECの地下生命圏研究は、深海熱水には手を出さないという霞ヶ関的論理に基づく「仕分け」が秘密裏に行われようとしていたのだった。

それを知り、ボクは愕然とした。今度こそ、本当に酒とドラッグにおぼれる日々になりそうだった。ボクはずっとやりたくてやりたくて仕方のなかった、深海熱水に生息する微生物の研究をするためにJAMSTECに来たのであって、JAMSTECに入るのが目的ではなかったのだ。JAMSTECで深海熱水の微生物が研究できないのなら、「今度こそJAMSTECなんてこっちからお断りじゃ」と腹を括った。

覚悟を決めて憤りを掘越先生にぶつけてみると、また思いもよらぬ答えが返ってきた。「オレはアーキアン・パーク計画に参加するなとは言ったが、深海熱水の研究をするなとは言ってないぞ。その研究はJAMSTECの地下生命圏研究の中に潜り込ませればいいだけの話だろ。要は相手よりいい結果を早く出せばいいんだろ。結果で勝てばいいだけだ」

つまり「アーキアン・パーク計画には参加できないが、深海熱水の微生物の研究はやってもいい」と。そして「やるなら研究成果で示せ！　成果で勝てばJAMSTEC上層部も文句を言えないはずだ」と。

アーキアン・パーク計画にはボクが望んでいた深海熱水を総合的に理解するために必要な学際的な情報基盤もあったし、多分野の研究者が参加していた。ボクはそれがとても羨ましく、参加すればオートマティックに深海熱水の分野横断研究が進むと薔薇色の未来を想像していた。

でも掘越先生の言葉を聞いたあとよく考えてみて、ボクはいままでそんな楽な道を歩んできたことなんてなかったじゃないかと思うようになった。

自分がやりたいと思えば、どんな世界でもまず身ひとつで飛び込んで、わからないことは論文を通じてなんとか理解した気になって、自分の力で考え抜いて研究計画を立て、成功するまで実験を繰り返し、最終的には自分思い込みのストーリーに基づいて論文を書いて、強引に世界中の研究者にアピールしてきたんじゃないのか。

ボクはそういうタイプの人間だったはずだ。それに、アーキアン・パーク計画の一番の目標である深海熱水の地下微生物生態系の解明に関して言えば、いま世界でそこに最も近づいている研究者こそ、他でもない自分じゃないのか？

こうして完全に開き直ったボクは、スーパーナマイキ傲慢モードとなった。「ＪＡＭＳＴＥＣの上層部とやらよ。オレひとりではアーキアン・パーク計画に勝てないとでも？」

そして、そう考えれば考えるほど、ボクはワクワクしてきたのだった。オールジャパン体制と言っていいアーキアン・パーク計画に対して、プロになって3年目のボクがほぼひとりで真っ向勝負を挑むなんて、無謀と言えば無謀かもしれない。が、自分にとってこれほどアドレナリンが沸き立つ燃えシチュエーションがあるだろうか。

大きな集団のなかの忠実な下僕として「よしよし」と頭を撫でられる犬より、集団に牙を剝いて忌み嫌われる狼のほうがかっこいいに決まっている（そしてオンナノコはそういうオトコノコが好きなのだ。そうと決まっているモノなのだ）。

そうと決まれば早速『餓狼伝説』宣言せねばということで、ボクはお世話になった石橋さんやその他のアーキアン・パーク計画関係者に、事情説明とこれまでのお礼に加えて、どこまでできるかわからないけれどアーキアン・パーク計画に対抗して「ひとりアーキアン・パーク計画」を推進すると宣戦布告メールを送ったんだ。

そんな自分勝手で、恩を仇で返すような宣戦布告を送りつけたにもかかわらず、石橋さんは「それは残念なことですが、でもあくまで研究資金ソースが別であるというだけで、科学の進展には何も敷居などないと思います。一緒に研究できることがあればぜひやりましょう」という感動的な返事をくれた。やっぱりボクが最初に感じた通り、この人はとてもイイ人だと再び確信した。

たとえ、メールの向こう側で「ふぉふぉふぉ、若いコイツはまだまだこれからワシの天下取りにイロイロ使えるかもしれんからのー」とＣＩＡ顔負けのダブルエージェント石橋がひょっこり顔を出していたとしても……（あくまでボクの想像です）。

それに「ひとりアーキアン・パーク計画」とは言ったけれど、実はもうボクはひとりじゃなかった。２回目のアメリカ留学から帰国したボクには、ＪＡＭＳＴＥＣの中にも強力な仲間ができ始めていた。

２０００年10月のＪＡＭＳＴＥＣ地下生命圏研究グループ立ち上げのために、九州大学大学院農学研究科で博士を修了したばかりの日本最初の地球微生物学博士だった「すでに貫禄十分のオオモノ」稲垣史生君（現・ＪＡＭＳＴＥＣ高知コア研究所グループリーダー）がやって来た。また、出身研究室である京都大学大学院農学研究科の海洋分子微生物研究室からも修士課程１年生だったイケメン中川聡君（現・北海道大学大学院水産科学研究院准教授）が国内留学でやって来て、ＪＡＭＳＴＥＣで一緒に研究を進めることになっていた。

その４ オールジャパンをぎゃふんと言わせる６つの策略

ホントはひとりじゃなかったけれども、「ひとりアーキアン・パーク計画」で「元祖アーキアン・パーク計画」をぎゃふんと言わせるために、ボクたち（イケメン中川君とオオモノ稲垣君、そしてボク）は策略を練った。

まず元祖アーキアン・パーク計画の最大のアドバンテージは何かということを分析した。それは、ＢＭＳという海底掘削マシーンで深海熱水域を実際に掘削し、海底下の試料を直接手に入れられることだったと言っていい。

元祖アーキアン・パーク計画の海底掘削研究の前フリには、国際深海掘削計画（ＯＤＰ＝海底掘削で科学的解明をめざす国際研究プロジェクト）における熱水域掘削研究の死屍累々の歴史があったのだ。

ＯＤＰではそれまで数回、深海掘削船「ジョイデス・レゾリューション号」による深海熱水掘削研究への挑戦が行われていた。いずれの場合も、深海熱水域の海底下環境（特に熱水循環や熱水鉱床の様子）がどうなっているかを知ることが一番の目標であったが、「そこには未だ見ぬ海底下生命圏が存在し、太古の微生物生態系が残されているかもしれない」ということを探る裏メニューもヒッソリと存在していたのだ。

それは元祖アーキアン・パーク計画が掲げていた研究目標とも似ていた、っていうかほぼ同じなのだ。元祖アーキアン・パーク計画のその大きな目標は、新しく独自に創造されたものではないということを強調しておこう。

そして、この大きな目標を世界で最初に明確なアイデアとして発表した研究者こそ、ボクが最初のアメリカ留学で世話になったジョン・バロスその人だった。そう考えると、その弟子たるボクこそ「深海熱水海底下生命圏研究」の正統継承者たるケンシロウ資格を有していたと言えるかもしれない。

このあたりの背景については、JAMSTEC深海・地殻内生命圏システム研究チームのWebページに、絶妙な解説記事が掲載されているので、そちらを参考にしていただければ幸いである。

▶http://www.jamstec.go.jp/biogeos/j/xbr/sugar/OkinawaDrilling/aboutDHB D.html

とにかく、それまでの深海熱水域掘削においては、海上からの掘削に様々な技術的困難が存在しており、海底下生命圏の研究については未だコアサンプルの回収もままならず、にっちもさっちもいかない状態が続いていたのだ。

その失敗の歴史を踏まえ、元祖アーキアン・パーク計画では、海上から長いドリルパイプをつないで海底を深く掘削する従来の方法ではなく、ＢＭＳという掘削装置そのものを海底に設置し、数ｍから十数ｍの孔をたくさん掘るという方法を計画していた。そうすることでコアサンプルの回収率を上げ、海底下以外の環境からの微生物混入を防ぎ、これまで失敗続きだった深海熱水海底下生命圏研究を成功させようと目論んでいたのだった。

これに対抗するため、ボクたちＪＡＭＳＴＥＣ地下生命圏研究チームは「元祖アーキアン・パーク計画に勝つまでにしたい６のこと」を考えた。

まずひとつ目に、相手が必殺技であるＢＭＳ掘削を出してくる前に、勝負の趨勢を決めてしまう電撃的速攻が最も重要だと考えた。

つまり、元祖アーキアン・パーク計画が着手する掘削事前調査（要するに有人潜水艇や無人機を使った深海調査）に先んじて、日本近海の代表的な深海熱水域で微生物の多様性研究を網羅的に進めてしまおうというものだった。コードネームは「犬のおしっこ作戦」。できるならばＢＭＳ掘削が対象とする深海熱水フィールドについて先行的に（嫌がらせ的に）おしっこをかけてナワバリを張ってしまおうと考えた。

２つ目は「チムニーでも同じはず作戦」。ＢＭＳ掘削によって得られる海底下コアは、所詮、海底から数ｍから10ｍ程度の深さまでのものだった。それはスケールの観点から言えば、大きな熱水噴出孔チムニー（内と外の壁の肉厚が10センチを超えるものも多い）をたかだか１００倍程度拡張したものに過ぎない。逆に言えば、チムニーはＢＭＳ掘削コアを１００倍程度濃縮還元したものだと言えるのである。

しかも、チムニーであろうが海底下であろうが、熱水と海水を混合することによって初めて代謝（生命活動のエネルギー獲得）が可能になる仕組みであることは、すでに理論的な予想として報告されていた。だから微生物生態系は、海底下数ｍであろうとチムニー内部数センチだろうと、基本仕様は同じはずだと。

つまり、ＢＭＳ掘削をせずとも、熱水噴出孔チムニーの研究をすれば、海底下生態系の基本的な成り立ちを先行的に予測できると考えたのだ。

３つ目。海底にニョキニョキ生えるチムニーだけではなく、熱水からも海底下生態系の成り立ちを明らかにしようと考えた。混じりっ気なしの高温熱水には、直接海底下環境から運ばれてくる微生物が含まれているはず。そのシグナルを検出しようというのだ。

技術的な観点から言えば、海底でどれだけ注意深く高温熱水のみを採取しようとしても、残念ながら、つねに海水がわずかに混ざってしまうモノなのだ。高温熱水に含まれる海底下生態系の微生物のシグナルは、高温であるがゆえに「極うすうす」であることが多く、わずかな海水でも混じってしまうと、海水中の微生物シグナルが熱水中の微生物シグナルを打ち消してしまう可能性が高かった。そこでボクたちは、高温熱水に含まれる微生物細胞や分子を濃縮する装置＝現場培養器を開発し、それを使うことで直接海底下環境から運ばれてくる微生物のシグナルを検出することを目指した。

4つ目に、深海熱水環境に生息する微生物について、その多様性よりもまず、優占する種の量を調べることにした。

それまでの研究では、チムニーや熱水の中で、どんな種の微生物が最も幅を利かせている（優占的に生存している）のかもわかっていなかった。陸上の生態系の場合、その環境にどんな植物が一番多く存在し、光合成による一次生産に貢献しているのかという生態学や物質循環を理解するための最も重要な基盤情報は、人間による直接調査によって簡単に定量できる。しかし直接調査することが極めて困難な深海熱水で、さらに肉眼では見えない微生物生態系となってくると、そんな基本的な情報でさえほとんどわかっていなかったのだ。

5つ目は、やがて完成するＪＡＭＳＴＥＣの巨大地球深部探査船「ちきゅう」を使った真・魁「深海熱水海底下生命圏掘削研究」を見据えて計画を立てていたことである。

ＢＭＳ掘削によって得られる最深十数ｍの海底下コアは、海底下生命圏に対してその入り口を軽くノックした程度のモノだ。

ボクたちは、ちきゅうを駆使して行われる予定の統合国際深海掘削計画（ＩＯＤＰ）の推進のために立ち上げられた「ＪＡＭＳＴＥＣ地下生命圏研究グループ」の選ばれしメンバーだったわけで、ちきゅう掘削による真・魁「深海熱水海底下生命圏掘削研究」を目指すことが求められていた。そこでボクたちは、沖縄トラフ伊平屋北熱水フィールドに焦点を当てて、ＩＯＤＰでの掘削プロポーサルを提出し、その実現を目指した。

そして6つ目。ジョン・バロスによる提唱以降、まるで水戸黄門の印籠のように、お決まりのスローガンとして使われてきた「深海熱水域の海底下に未だ見ぬ海底下生命圏が存在し、そこには太古の微生物生態系が残されているかも」という情緒的でロマン先行型の仮説を、もっとエレガントな（論理的に矛盾のないしっかりした）科学仮説として更新・再生すること。

これはたぶんボクの個人的な欲求に基づくモノだったけれども、まさしく自分が研究の世界に足を踏み入れるキッカケとなった「思想」だったからこそ、自分の手でより美しい「科学仮説」へと昇華させたいという強いこだわりがあったのだ。

無我夢中のどん欲無節操ゴロツキ研究集団 その5

ヒントとなるアイデアはあった。前話ですこし紹介した「スライム仮説」だ。

それは、「地殻内に太陽光から完全に独立し、水素によって支えられた〝地球を食べる〟微生物生態系（地殻内独立栄養微生物生態系＝スライム）があって、それが最古の生態系ではないか？」とする仮説で、パシフィック・ノースウエスト国立研究所のトッド・スティーブンスとジム・マッキンリーが提唱したものだ。

ボクは深海熱水域の海底下環境にこそ、そんな微生物生態系（スライム）の超好熱性（ハイパーサーモフィリック）バージョン、つまり「ハイパースライム」が存在するに違いないと強く思うようになっていた。とはいえ、この仮説が完成するのは、ずいぶんあとの話なのだが……。

ちょっと解説が長くなってしまったけれども、こんな戦略のもと、ボクたちの「ひとりアーキアン・パーク計画」の怒濤の進撃が始まった。

2000年にボクがアメリカからJAMSTECに戻って来てから、2003年までのあいだに、9回に及ぶ深海熱水域の調査を行った(乗船せずにサンプル採取だけ依頼したモノも含む)。それまでのJAMSTECの微生物学に関する深海調査は、潜航が数回の短期調査が1年に2回くらいあれば良いほうだったので、何度も潜航する長期調査を1年に数回もこなすのは、それまでの常識を覆すような激しい航海遍歴だったと思う。

2000年6月:「しんかい2000」による沖縄トラフ伊平屋北フィールド

2000年11月:「しんかい2000」による小笠原弧水曜海山フィールド

2001年5月:「しんかい2000」による沖縄トラフ第四与那国海丘と鳩間海丘フィールド

2001年6月:「かいれい」による沖縄トラフ伊平屋北、鳩間海丘、伊是名海穴フィールドのピストンコア研究

2002年1月~3月:「しんかい6500」による中央インド洋海嶺かいれいフィールド

2002年4月~5月:「しんかい2000」による沖縄トラフ伊平屋北、伊平屋凹地フィールド

2003年7月:「しんかい6500」による沖縄トラフ第四与那国海丘フィー

ルド

2003年8月~9月:「しんかい6500」によるマリアナトラフTOTOカルデラフィールド

2003年8月:「ハイパードルフィン」による沖縄トラフ伊平屋北、伊是名海穴フィールド

さらにボクたち、JAMSTEC地下生命圏研究グループのメンバーは、いま挙げたような深海熱水域の海底下環境の調査だけではなくて、深海冷湧水環境や海底下堆積物(JAMSTECの他のチームが行っていた深海潜航調査航海や、ペルー沖、カスカディア沖のODP掘削航海)、陸上地下生命圏(南アフリカ金鉱や日本国内の鉱山、温泉環境)などの多様な地下生命圏研究にも手を出していた。

いま振り返ってみると、目の前の動くものには何でも食らいつくどん欲なサメの群れみたいな節操のない研究グループだったと思わずにいられない。

でもそれは当たり前の話だった。掘越先生がボクに言ったように、ボクたちは「誰もやったことのない新しい研究分野を切り拓くんだ」という野望に突き動かされていた。ボクたちが誇れるのはその大志と情熱だけで、世界から見れば「東洋の島国の名もなき若いゴ

ロツキ研究集団」でしかなかったはずだ。けれどボクたちは、世界のこの研究分野のナニモノかになるために、無我夢中で走っていた。

そして、最初は数人だったボクたちの研究グループは、いつの間にか10人近い所帯になり、ボクは30歳をすこし超えたばかりなのに最年長のグループリーダーになっていた。そのポジションは管理職というようなモノではなく、チームを鼓舞するキャプテンみたいな感じだったけれども。

キャプテンとして、とにかく絶えずガムシャラに突き進んでいたあのころの研究生活はいま振り返ると、とてもキラキラと輝いていたように思う。それはまさに、ボクの青春を深海に賭けた日々――第2楽章――と言えるモノだった。

さて、「ひとりVS宗家」の闘いの行方はどうなったか？

2001年のかいれいによる沖縄トラフ熱水活動域総合調査でのボク。この航海は、ボクが初めて首席研究者として計画した航海だった。慣れないピストンコアリング、海底地形調査、熱流量調査、サブボトムプロファイラー調査など、分野横断型研究に取りかかり始めたころの苦労がいまでも思い出されるわー。しかしこの調査のおかげで、ちきゅうによる「沖縄トラフ熱水海底下生命圏」掘削の研究プロポーサル第1版が書き上げられた（提供：高井研）

その詳細はいずれ『修羅の刻（外伝）　最後に生き残った奴が勝者よ！　～ダブルエージェント黒メガネの回想』（民明書房）で語られることになろう。ひとことで言うなら「勝負を決めるのは才能でも能力でもない。背負ってるモノの大きさ、つまり覚悟だ。アンタ、背中が煤けているぜ……」（なんのこっちゃ）と。

2003年の第四与那国海丘フィールドの潜航調査終了後の集合写真。当時「ひとりvs宗家」の「アーキアン・パーク計画」をめぐる血で血を洗う抗争が繰り広げられていたはずなのに、「ひとり」の調査に紛れ込んでいる「ダブルエージェント黒メガネ」がいるぞ！　左の小窓から、黒メガネ石橋純一郎、ボク、態度も身体もデケエ稲垣史生の各氏（提供：高井研）

しかしアーキアン・パーク計画の存在こそが、アメリカ帰りのボクが取り憑かれたように深海熱水研究に打ち込むようになった、とても大きな動機だったことは間違いなかった。

深海熱水活動と生命活動の相互作用の本質を理解するためには、（微）生物学的研究だけでなく、地質学、地球物理学、地球化学といったあらゆる側面からアプローチする総合的な学際研究が不可欠であることを提示し、世界に先駆けてその実践に挑んだのはアーキアン・パーク計画だった。

そのアーキアン・パーク計画の精神と意志は、当事者たる内部の研究者たちよりもむしろ競争相手であるボクのほうがはるかに強く影響を受けたかもしれない。またこの計画に参加した大学院生やポスドク研究者から、多くの優秀な若手研究者が育ち、いまもそれぞれの研究分野で活躍中である。これこそがアーキアン・パーク計画の最大の成果であったと言えるだろう。

アーキアン・パーク計画との競争を意識して始まったボクの深海熱水研究の第2楽章は、その後「約40億年前の地球最古の生態系の誕生とそれを支えた熱水環境の解明」と「世界深海熱水征服計画」という次なる研究目標につながっていった。

その研究、つまり深海熱水研究―第3楽章―の科学物語や背景については、ボクの書いた『生命はなぜ生まれたのか――地球生物の起源の謎に迫る』(幻冬舎新書)に詳しいので、ぜひそちらもお楽しみ下さい。

そして次の章ではいきなり、もう「青春」の賞味期限が切れかけたボクが「ギリギリ青春と呼べるモノ」を深海だけでなく太古の地球や、どうやら宇宙にまで賭けようとする最終章に突入する。さあ、ゴールが見えてきたぜ。

最終話

新たな「愛と青春の旅だち」へ

「人類究極のテーマ」に挑むため、分野横断型研究グループを立ち上げたボク。21歳のときに「超好熱菌の研究をします。生命の起源を解き明かしたいと思います」と宣言してから、いつも頭の片隅にはその言葉があった。いよいよ、その言葉に応えるときがやって来た！

その1
ワタクシのセンチメンタル・ジャーニー

思えばこの本の最初の原稿に着手したのは、もう2年以上も前のことです。この本の第1話を書き終えたのはあの東北地方太平洋沖地震（東日本大震災）が起こる直前でした。もうずいぶんと前のことのように思える一方、ついこのあいだのことのようにも感じます。いずれにせよ、よくここまで書き続けてこられたなあと、少女漫画に出てくる典型的シーンである、ちょい不良の兄ちゃんに傘で守られる雨に濡れた子犬のようにプルプルと、感慨のスモールウェーブに打ち震えているワタクシです。

ワタクシ、この最終話のマクラを、アメリカはシアトルのワシントン大学に隣接するホテルで書き始めています。

第2話でも書いたように、約19年前、ワタクシはこのワシントン大学に1年間留学しているときに、「そうだ！　深海の熱水域に繁栄する微生物の世界をボクが誰よりもはっきりくっきりと解明するのだ！」と熱い血潮を滾らせたのでした。あの甘酸っぱくもほろ苦い青春の日々以来、ワタクシはここをちゃんと再訪したことがありませんでした。

また、2012年11月には、1997年に巣立ってからほとんど顔を見せていなかった母校の京都大学農学研究科の出身研究室を訪問する機会がありました。ヤミにこっそりと実験室に忍び込むのではなく、教授室での挨拶に始まる公式訪問としてです。大学院の集中講義を引き受けたことがその理由ですが、思えば長いあいだご無沙汰していたなあと自分でもびっくりしました。

このワタクシの突然のセンチメンタル・ジャーニーラッシュは単なる偶然ではないと思っています。最近、体のアチコチがあまり順風満帆とは言えず、冗談抜きに「もういつ死んでもおかしくないお年頃になったかもしれぬ」と思い始めました。同時にそれはワタクシがこれまでお世話になった人々にも当てはまることなのだと、現実として感じるようになったのです。「会えるときに会っておこう。感謝の気持ちは伝えることができるときに伝えておこう」。そう思うようになりました。

また、この原稿のせいもあるかもしれません。いままでは、研究に対して一生懸命全力疾走している感じで、研究に直接関わりのない催しや旅程には脇目も振らず、なるべく時間と労力を節約しようという意識があったような気がします。けれど、この原稿を書きながら、自分のこれまで歩んできた道程を振り返ることが多々あり、いつの間にか遠く過ぎ去ってしまった自分の「青春みたいなモノ」が、とても懐かしく愛おしく思えてくるようになりました。

そしてこの旅で、留学時代の師であるジョン（・バロス）に会って、さらに別の理由みたいなモノがあるのに気がつきました。

たぶんワタクシは、「世話になった師から声をかけてもらうまでは、自分からはノコノコ会いに行ったりしたくない」というような想いを心の片隅に抱いていたんだなと。ある意味「故郷に錦を飾れるようになるまでは……」的な想いでしょうか。自分がそんな昭和初期のような古めかしい感覚を持ち合わせていたことに軽くショックを受けましたが、なんとなくそんな気がしました。

つまり、ワタクシの最近のセンチメンタル・ジャーニーラッシュは、「もういいよ。そろそろ帰って来ていいよ」と自分にOKを出した結果なのかもしれません。

このシアトルの街のユニバーシティー地区を50ｍも歩けば、ワタクシの心はたちまち19年前へタイムスリップします。立ち並ぶ店や建物はほとんど変わっておらず、道行く若者たちの様子も当時とそんなに変わりません。ハイティーンから20代の若者が中心の街です。変わったのは、通り過ぎる東洋人のほとんどが当時は日本人だったのに、いまは中国人になっていることぐらいでしょうか。

海洋学部の建物に入っても、中は当時のままでした。久しぶりに会ったジョンのオフィスも同じ場所にありました。そしてジョンと一旦話し始めれば、ワタクシも24歳の心もお目々もキュートなケン（あくまで当社比）に戻ったかのようでした。

「最近は、あまり深海熱水の研究は進展していないけど、どっぷりアストロバイオロジーに浸かっているよ。大学のプログラムも大きくなっているし、夏には世界各国を回ってアストロバイオロジーの夏期講義をやっているんだよ。アストロバイオロジーをもっとポピュラーにしたいと思っているんだ」とジョンが楽しそうに話すのを聞いて、ワタクシは「ああ、この師にしてこの弟子ありだな」と思わずにいられませんでした。

そのつながりについては、本編に譲るとして、ランチを挟んだ3時間強はホントーにあっという間に過ぎてしまいました。ジョンは自分がいま指導している博士課程の学生に、お決まりの「ケンがここに留学していたときには24時間研究していたんだ。朝来ると会議室や顕微鏡室の床で寝ていたんだよ。それぐらい研究に没頭すればどこに行っても大丈夫だ」のセリフを披露。ワタクシ、ソレ聞き飽きたし。

別れ際、ジョンが「ケン、ここで過ごした1年がオマエの研究や人生にとってすごくイイ経験になったのなら、オレにとってそれがどれほど嬉しいことか」と握手しながら言ってくれました。このセリフを英語で再現しようと思ったけれど、ちょっとジーンときてしまって、もう正確に思い出せなくなってしまいました。

うまく言えたかどうかすこぶる怪しいけれど、「あのとき、アナタの研究室で、アナタとその学生たちと一緒に過ごした時間が、いまのボクの研究に対する精神と志向の土台を創ってくれた。ボクがアナタの研究に対する志向や方向性を一番強く、ストレートに受け継いでいる弟子だと思います」と答えました。

研究における師と弟子には、父親と息子の深層（？）心理に似ている部分があるように思います。フロイトのエディプスコンプレックスとまでは言いませんが、父親は息子の成長が頼もしくとても嬉しい反面、心のどこかで息子が完全に自分と対等になる、もしくは乗り越えるまでは息子に負けたくない、簡単には認めたくない気持ちがあり、逆に息子は父親と対等もしくは乗り越えたという感覚を持つまでは、やや父親を遠ざけたくなる気持ちがある。

ワタクシは実生活では、幼少時代から父親が不在だったし、自分に子どもはいませんので、そういう父親と息子の関係について、ホントーにそういう深層心理があるのかどうか、実経験としてはわかりません。でもなんとなく感覚的に父親と息子、そして師と弟子にも、そういう葛藤のようなモノがあってもおかしくない気がします。

そしてある意味、そのような葛藤の中での成長もまた「青春の1ページ」と呼べるのなら、ワタクシのセンチメンタル・ジャーニーは、葛藤を乗り越える過程においての青春時代が終わったことを意味するものかもしれません。

それはつまり、この原稿を書き始めて以来、時折、幕之内一歩のリバーブロー(注:『週刊少年マガジン』で連載中の「はじめの一歩」参照)のように、「ええ歳こいたオッサンが何、青春を賭けてとかほざいとんねん」という心にGUSARIと刺さる批判(=真実)とも、もうオサラバじゃということ。ふふふ、その通りよ。かつてのモーニング娘。の中でのユーコ・ナカザワ的扱いを受ける前に、潔く自分で幕を下ろすのだ。さらば、読者諸君!

その2 ボクの熱意とジタバタだけではどうしようもない問題

2000年にアメリカからJAMSTECに戻ってきて以降、ボクは世界熱水微生物生態系制覇という、まるで『魁!!男塾』(かつて『週刊少年ジャンプ』に連載されていた漫画)の大威震八連制覇(だいいしんぱーれんせいは)的ノリの自己満足的研究テーマを掲げて研究に打ち込んできた。

その世界熱水微生物生態系制覇の中で、現世の地球に生き残った世界最古の持続的生態系の直系子孫であり、地球活動によって創り出された水素や無機物質から生命活動のエネルギーを得ることのできる「ハイパースライム」の存在を証明しようと、虎視眈々と狙っていた。

ハイパースライムというのは、正式には**Hyper**thermophilic **S**ubsurface **Li**thoautotrophic **M**icrobial **E**cosystemという英語の表現を太字部分だけテキトーに短縮した名前なのだが、日本語でフルに書くと、「地殼内超好熱性化學合成微生物生態系」（ドーン！）と、まるで中国語のようなシロモノになってしまい、書くほうも読むほうも思わず「それ、ウザい。ホント、ウザい！」と言いたくなる。

そこで、思いっきり簡単にハイパースライムとは何かと言ってしまうと、「深海熱水に含まれる無機物質だけで、生命活動を支えることができる微生物の集団が海底下にワサワサいること」であり、もっと簡単に言ってしまうと、「深海熱水チムニーの中に水素と二酸化炭素を食べる超好熱性メタン菌がたくさんいて、一次生産者になっていること」なのである。そして、そういう環境を見つけることがハイパースライムの存在の証拠になる。

そして、その証拠となるような研究結果が、２００２年1月から3月にかけて行われた「しんかい６５００」による中央インド洋海嶺かいれいフィールドの調査で得られていたのだが、これまで調査を行ってきた他の深海熱水域では見つからなかった。ハイパースライムはなぜ、中央インド洋海嶺かいれいフィールドでは見つかり、それまで調査を重ねてきた日本周辺の沖縄トラフ、伊豆・小笠原火山弧、パプアニューギニアのマヌス海盆の深海熱水環境では見つからないのか？

その理由は、おそらく熱水に含まれる水素の量が、かいれいフィールドでは非常に高濃度であるのに対して、他の地域の熱水ではとてもショボイためであろうと、ボクは早々に気づいた。

「その環境に存在する水素の量が、ハイパースライムの成立の成否を握る鍵に違いない。おそらくそれは太古の地球における最古の生態系についても当てはまるはず。いやぜったいそうだ！」という直感を抱いた。そうなれば、「地球で最古の持続的生命が誕生、繁栄した場とその成り立ち」が美しく説明できる。そのアイデアが降ってきた瞬間の身体や精神のビリビリ感は過去最強で、もう、ボクにはそれは絶対的真実としか思えなかった。

ただ「そんな直感にボクはビリビリと震えているよ」（注：笑い飯の漫才ネタ「アリからの引用）状態ではあったが、なぜ中央インド洋海嶺かいれいフィールドの熱水には大量の水素が満ちているのか、最初、まったく見当がつかなかった。

かいれいフィールドの熱水の水素濃度は、当時の世界ランキングで第3位だった。1位は大西洋中央海嶺のレインボーフィールド、2位は同じく大西洋中央海嶺のロガチェフフィールドで、その2つについてはカンラン岩が原因で水素濃度が高いに違いないというのが業界の通説だった。しかし当時は、その関係性はまだはっきりと論文化されておらず、地下でまことしやかに語られるのみだった。このカンラン岩というのは、水と反応すると蛇紋岩という鉱物に変質する（これを蛇紋岩化と呼ぶ）のだが、それと同時に水素も生成するのである。

カンラン岩は本来、海底から地殻の厚い壁を隔てたさらに深くにある「上部マントル」の支配者とも呼べる岩石である。そのカンラン岩が海底近くに露出しているなんて、よっぽどの条件が揃った極めて限られた場所でしかあり得ないと考えられていた。

言わば「カンラン岩の蛇紋岩化反応はロイヤルファミリー御用達の超限定品で、いまなら先着×名様だけに超特別価格でご提供！」みたいなノリだったのだ（2012年12月のアメリカ地球物理学連合秋期大会でジェームズ・キャメロンのマリアナ海溝有人潜水艇調査で、マリアナ海溝の底にも蛇紋岩を発見!! という大々的な発表もあり、いまでは蛇紋岩化反応＝歳末バーゲンセールみたいな大盤振る舞い状態ではあるが）。

だから、中央インド洋海嶺かいれいフィールドの熱水に含まれる超高濃度水素を説明す

地球に存在する火成岩

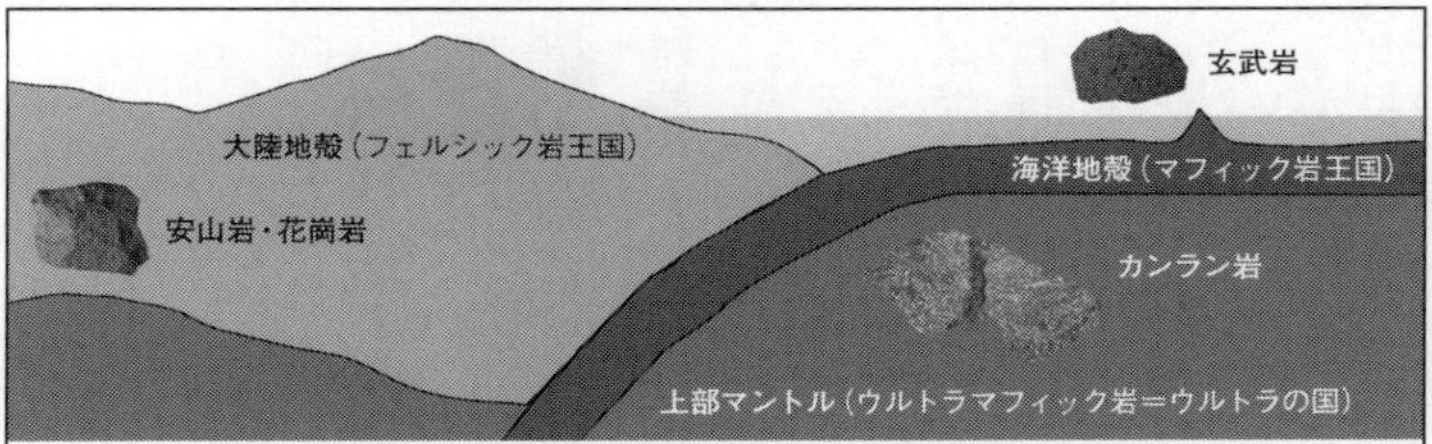

超マフィック岩であるカンラン岩は、地殻のさらに下にある上部マントルの支配者。この図では地球に存在する火成岩（マグマからできる岩石）の3つの代表的グループがうまく説明されているネ。

もともと「フェルシック」とか「マフィック」という意味は色合いが白っぽいとか黒っぽいという意味で、簡単に言えばフェルシック岩＝白っぽい岩石、マフィック岩＝黒っぽい岩石という分類になる。

なので、超マフィック岩は「サイパンで合宿した新日本プロレス在籍時代の長州力がコッテリと日焼けしたあと、テカテカした“ドリームタン”とかいうクリームを塗りつけて黒光りしているぐらいに超黒っぽい岩石」（マニアックすぎる説明ですみません）ということになる。

この用語自体は結構テキトーな分類なので、当然その大雑把なグループ分けの中には、より体系的な分類があって、例えば、フェルシック岩には花崗岩や安山岩などなど、マフィック岩には玄武岩やハンレイ岩などなど、そして超マフィック岩にはカンラン岩やキンバーライトやコマチアイトなどなど……というような岩石が含まれる。

そして、それぞれのフェルシック岩やマフィック岩や超マフィック岩が生成される場所や存在する場所には偏りがあって、大陸地殻＝花崗岩、海洋地殻＝玄武岩、上部マントル＝カンラン岩のような固定観念みたいなものがなきにしもあらず。

ゆえに、2013年5月、しんかい6500は「ムハー、大西洋のど真ん中に花崗岩を見つけちゃった！」という調査報告をしたのだけれども、それが「大西洋のど真ん中は海洋地殻だからふつうは玄武岩がある」→「大西洋のど真ん中に大陸地殻の花崗岩発見」→「大西洋のど真ん中に大陸地殻はっけん」→「大西洋のど真ん中に大陸ハケーン」→「大西洋のど真ん中に伝説のアトランティス大陸キタワァ」という「大西洋岩石五段活用」してしまったという狙い通りなのかアクシデントなのかよくわからないブームが起きた。

（図版提供:高井研）

るためには、かいれいフィールドの周辺でも蛇紋岩化反応が起きていなければいけない。つまり、水素の材料たるカンラン岩が、そこに存在しているはずだとボクは考えるようになった。慣れない地質学や地球化学系の論文を読みあさった結果、かいれいフィールドの熱水に含まれる高濃度の水素は、レインボーフィールドやロガチェフフィールドと同様に熱水とカンラン岩の蛇紋岩化反応の生成物でしかあり得ないという結論に達したのだ。

しかし、このアイデアを日本最初の熱水博士である黒メガネ石橋純一郎氏や日本の熱水化学の専門家たちに投げかけてみても、反応はイマイチだった。「ふーん」とか「それで?」とか暖簾《のれん》に腕押し状態だった。それは仕方のないことだったかもしれない。当時(いまでもそんなに状況は変わっていないけれど)、海底蛇紋岩化流体(と書くと専門的でかっこいいが、簡単に言えばカンラン岩が風化した後の水=カンラン岩腐れ汁とも蛇紋岩汁とも呼ばれる)の専門家は日本に皆無だった。

さらに、そのアイデアを検証するためには、熱水化学だけでなく岩石学や地質学の専門家の協力が不可欠だったし、海底でのカンラン岩や蛇紋岩探査も行わねばならなかった。つまり、ボクの直感と熱意とジタバタだけではどうしようもなかったのである。

状況は決して良くはなかったが、ボクは全然落ち込んではいなかった。まだほとんど賛同者はいなかったけれど、地球微生物学という分野を目指すようになって初めて、地球と微生物生態系の関わりについての自分独自の明確なビジョンが生まれ出た。そのまだ粗削りなアイデアは、自分が研究者を志した最初の動機であった「生命の起源の謎」に迫る重要なナニカを内包しているという直感をボクは信じることにした。

そんなボクに転機が訪れたのは、おそらく2004年の初頭だったと思う。たまたま東京大学海洋研究所（現・東京大学大気海洋研究所）の沖野郷子《おきのきょうこ》准教授がJAMSTECにやって来ていて、その年の秋に行われる南太平洋ラウ海盆の熱水調査について打ち合わせをしていたときのこと。打ち合わせもそこそこに、ボクはいつものように「インド洋かいれいフィールドにはカンラン岩が存在しているはずなのだ、そーなのだ」説をぶっていた。ひと通りボクの思いをぶちまけたあと、どうせまた「ふーん、それで？」みたいな反応が沖野さんからも返ってくるのかなと思っていた。

ところが沖野さんは、真剣な表情で「それは、アリかもしれない」と言い出したのだ。

沖野さんは「地球物理学的手法を用いた、海洋底拡大系のテクトニクス」を専門とする研究者で、簡単に言えば海底地形や重力、磁気、海底下構造などから、なぜそのような地形が形成されたかという大局的なプロセスを明らかにしてゆくことを得意としている。そして彼女はそのころ、世界中の海洋底の超低速拡大に興味を持って、カンラン岩を含む超マフィック岩の海底露出構造の出現パターンやそのメカニズムを研究しているところだった。

その超マフィック岩探しのプロの沖野さんが、インド洋かいれいフィールドの付近に、超マフィック岩がある可能性が高いと言うのだ。

数日後、沖野さんから届いたメールには、「かいれいフィールドから西へ15㎞ほど離れた地形的な高まりが、地殻深部から上部マントルが引きずり出された構造、つまりカンラン岩の塊、である可能性が高い」というアイデアが書いてあった。

キタタタタタ←(゜ロ゜;)→タタタタタァ

しかし、喜ぶのはまだ早かった。沖野さんはインド洋かいれいフィールド周辺の超マフィック岩ハンティングにはかなり興味を持ってくれたようだったが、ボクのことはどうもウサン臭い関西人と見ているようで、いま一歩信用されていない感をヒシヒシと肌で感じていたのだ。

他分野の研究者の場合、その人の研究内容や研究履歴がまずよくわからないし、交流の機会も少ないので、どうしても会って話したときの表面的なイメージで判断してしまいがちである。

京都大学出身なのに関西人ノリを寄せつけないとはどういうことだと憤りを感じながらも、かつて「博士課程の子と姉妹っていわれちゃった♥ きゃぴ」という彼女のセルフボケに乗っかってキョンキョンと呼んでみたところ、しばらく沖野さんに無視の刑を食らったことがあるボクが、対沖野戦略に対して慎重になるのは無理もないだろう。

その沖野さんのメールから1ヶ月ぐらい経ったころだろうか。ボクは、所属しているＪＡＭＳＴＥＣの生物系の研究グループではなく、岩石や固体地球を研究しているグループのセミナーで発表する機会が訪れた。

そこでもボクは、世界熱水微生物生態系制覇だけでなく、「インド洋かいれいフィールドにはカンラン岩が必要なのだ。異論は認めない」説を熱く語り、仕入れたばかりの沖野説にも言及した。するとセミナー終了後、ひとりの軍事オタク風の男が近寄ってきた。

その男こそ、２０００年11月に行われた「しんかい２０００」による小笠原弧水曜海山フィールドの調査で船室のルームメイトだった熊谷英憲さんだった。その航海は、かつてない大荒れの海況で、ボクと熊谷さんは、調査船「なつしま」のザコ部屋で船酔いで死んでいた。そこに、窓が大波に打ちつけられて吹っ飛び、海水がドバーっと浸水してくるという「なつしま沈没未遂事件」をナマ体験した仲だった。

いまにも吐きそうでソファーにぶっ倒れていたボクの身体の上を、大量の海水が美しいアーチをかけて浸水してきたとき、そこには燦然と輝く虹まで見えた！　と後世にまで伝えられている。

それは置いておいて、熊谷さんは、アメリカのウッズホール海洋研究所の留学から帰ってきたばかりで、久しぶりの再会だったのだが、インド洋かいれいフィールドでの超マフィック岩探しにかなり興味を持ったようだった。

それに熊谷さんとは、なつしまのザコ部屋で、熱水の地質学背景と微生物生態系の関わりについてずいぶん熱く議論して、「地球科学研究者では珍しく、すごく広い視野を持ち、生物学に対する理解度が深い学際的な男よ、そらそうよ」という印象を持っていた。

「この男！　使える！」

沖野さんにウサン臭いと思われているボクではなく、昔からインド洋の海嶺系の研究に携わってきて、あまり男汁臭のしない（あくまで当社比）熊谷さんなら、「インド洋かい

海洋調査船なつしま。1981年に「しんかい2000」の母船として建造された。（提供：JAMSTEC）

れいフィールドでの超マフィック岩探し」をうまくリードしてくれるに違いない。そう思ったボクは、熊谷さんの人の良さにつけ込んで、「これからの地球科学は分野横断が鍵よ！　そういうもんやろ！」と有無も言わせず、ソッコーで共同研究の話を決めてしまったのだった。

朴訥な雰囲気を纏いながらも、ＪＡＭＳＴＥＣの策士＝「隠し球の名手読売巨人軍元木の再来」と言われている（嘘です。言われてません）熊谷さんも冷静に、「それもアリよ。くわっ」と思ったかどうかは知らないが、その計画に賛同してくれた。

その３　「人類究極のテーマ」に挑むための作戦会議

そして時は流れ、２００４年９月。

ＪＡＭＳＴＥＣ横須賀本部の本館３階の一角に、むさ苦しい５人の男が集まって何やらひそひそと話し合っていた。

集まっていたのはボク、稲垣史生（微生物学者）、熊谷英憲（地球化学者）の３人（ここまでは紹介済み）と、熊谷さんが連れてきたタンクトップに半ズボン姿の「裸の大将」山下清風の鈴木勝彦さん、そして一見爽やかな外見の中村謙太郎君だった。

鈴木勝彦さんはそのとき初めて会ったのだが、ＪＡＭＳＴＥＣの固体地球研究グループに所属する同位体分析化学屋で、同位体化学を用いた地球史の、しかも先カンブリア紀の研究をしている人だと紹介された。

中村謙太郎君は、鈴木さんと一緒に研究をする予定の若手研究者で、先カンブリア紀の中でもバリバリの太古代（40億年前から25億年前までの地質年代）の海洋地殻の熱水変質について研究していた。熊谷さんが言うには「インド洋の研究での知り合い」らしいが、熊谷殿と中村殿が比類なき軍事オタクであることは公然の秘密だったことから、おそらく「軍事オタのオフ会」のようなもので知り合ったのではないかと指摘する専門家もいる。

ボクらが顔を突き合わせていた理由は、そのときＪＡＭＳＴＥＣで、経営陣肝入りの「第1回分野横断研究アウォード」なる競争的研究資金が出る研究プロジェクトの募集が行われることになっていたからだった。「ＪＡＭＳＴＥＣの既存の研究の枠組みを打破し、新しい分野融合学際領域を打ち立てる独創的な研究には、3年間で総額1億5000万円まで出してやろうじゃねえか。かかってこいや、オラー！」という豪気な内容だった。

ボクらは「地質―生命相互作用から地球生命誕生と初期進化の真の解明を目指す革命的

「分野融合研究の構築」なるテーマで、「3年間総額1億5000万円いただこうじゃねえか。見とけよ、オラー!」と作戦会議を開いていたのだった。

その作戦会議冒頭で、ボクはアメリカ大統領の就任演説ばりにこう力説したのだ。

1977年に最初の深海熱水活動が発見されて以来の大テーマであり、そして「我思う故に我在り」と、この研究の道を志すキッカケとなったあの魅惑的なテーマである「地球生命は深海熱水から生まれた」説に対して、ほぼ30年間にわたって行われてきた深海熱水研究は未だなんら具体的なブレークスルーをもたらしていない。それはそれぞれの研究分野が互いの分野を侵すこともなく、それぞれの研究分野の隆盛だけを目標にしてこぢんまりと小市民的研究の幸福を求めてきたゆえの当然の帰結である。

ギリシャ哲学を祖とする自然科学における最大の命題である「地球生命の誕生と初期進化」の解明は、生物学や化学、海洋科学、地球史や古生物といった単独の研究領域だけで成し遂げられるほど生易しいモノではない。断じて否。すべての科学知見を結集し、混ぜ合わせて、こねくり回して、ボコボコに叩き上げて、最もエレガントな(論理整合的な)ストーリーを創り上げ、また壊し、再構築するという果てしない営みによってのみ解明し得るものなのだ。

この科学命題こそ、研究分野の障壁など叩き壊して、JAMSTECの総力を結集して取り組むべき分野横断研究対象であり、その実現・実行には、口先だけの「エア分野横断」では到底太刀打ちできず、真の分野横断をひとり一人の研究者の頭で、精神で、身体で体現する若い研究者集団の形成が必須なのだ。

私はここに宣言しよう。「地球生命は深海熱水から生まれた」とする大仮説に向けて、まず検証すべき具体的な仮説として、練り上げたばかりのストーリー「最古のメタン生成代謝によって支えられた微生物生態系が、超マフィック岩の蛇紋岩化反応によって高濃度の水素を含む熱水に誕生し、進化した」を掲げ、この人類究極の研究テーマに挑まんことを!!

そして、ここに集いし我ら5人、生まれし日、時は違えども分野融合の契りを結びしからは、心を同じくして助け合い、地球生命誕生の謎を解き明かさん。上はJAMSTECの名誉に報い、下は次世代の若者を安んずることを誓う。同年、同月、同日に生まれることを得ずとも、同年、同月、同日に死せんことを願わん。

ずいぶん好き勝手に脚色を施してしまったが、意図としてはそんなことを言った。

その仮説、ストーリーは、Ultramafics（超マフィック岩）—Hydrothermalism（熱水活動）—Hydrogenogenesis（水素生成）—HyperSLiME（ハイパースライム＝微生物生態系）という繋がり（Linkage）として表現できた。これを短縮して「UltraH3 Linkage」。現在の地球におけるUltraH3 Linkageは、沖野さんの情報によれば、インド洋のかいれいフィールドで検証できる可能性があった。熊谷さんが中心となり、フィールドワークを展開することになった。

ここまでのストーリーはこの作戦会議までにボクの中で、かなり固まっていたモノだった。ここからがこの作戦会議の本番だった。熊谷さんにチラリと聞いていたことを、もう一度しっかり確認する必要があった。

「熊谷さん、鈴木さん、中村君に、正直なところをお聞きしたい。40億年前の海洋底には現在の地球より、超マフィック岩が豊富にあったと間違いなく言えますか？　もっと言えば、超マフィック岩に支えられた深海熱水活動が、いまとは比べ物にならないくらいたくさん存在していたと言えますか？　それに確信が持てそうなら、ボクはこの仮説検証研究は間違いなく世界を奪れると思うんです」

この質問を投げかけたとき、熊谷さんと鈴木さんは顔を見合わせて「コマチアイトなら間違いなくあったよね」と頷きあった。

「コマチアイトは超マフィック岩と言い切っていいですよね？」とボク。

「カンラン石の含有量から考えて超マフィック岩と言えます」熊谷・鈴木。

「よっしゃー。で、コマチアイトがどれぐらいの割合で海洋底に分布していたかはわかっているんですか？」とボクが尋ねたとき、中村謙太郎君が口を開いた。

「研究者によって、試算はいろいろあるんですが、極端な見積もりでは太古代初期の海洋底は、ほとんどすべてがコマチアイトに覆われていたという計算もあります。が、少なく見積もった場合でも現世の海洋底のカンラン岩と比べて、ハンパない量があったんじゃないでしょうか。そもそも太古代の海洋底というのは……○♠◉◆▽※☯♣☆■（以下エンドレス独演会が続く）」

謙太郎君は熱くなると、話が永遠に続くタイプだった。そして猛烈におしゃべりだった。最初の出会いがコレだったので、「ボクは極度の人見知りで、人前ではあんまり自分からしゃべれないんですよね」と謙太郎君が言うたびに、「いくらなんでもそれはあまりに見え透いた嘘では」と心の中では突っ込みを入れていた。だが長く付き合うにつれ、それが嘘でないこともわかるようになったが。

とにかく謙太郎君の解説によって、生命が誕生したであろう約40億〜38億年前の海洋底には、現世の海洋底で見られるカンラン岩とは異なるが、コマチアイトという別のタイプの超マフィック岩が普遍的に存在し、その蛇紋岩化反応による深海熱水が至るところに存在していた可能性が極めて高いということがわかった。

鼻の穴を膨らませた謙太郎君の独演会を聞きながら、ボクは「勝った！　間違いなく勝った！」と確信し、秘かな喜びに打ち震えていた。これですべてのピースが埋まったと思った。

約40億〜38億年前の海洋底に、コマチアイトという超マフィック岩が大量に存在していたなら、高濃度水素の深海熱水は至るところにあり、現在のインド洋のかいれいフィールドのような、ハイパースライムを誕生させ持続させる「最古の生命のゆりかご」も地球上にたくさんあったはずだ。

ボクにとって生命誕生の謎へのアプローチで最重要視していたのは、可能か不可能かではなく、その可能性と普遍性がどれだけ大きいかということだったのだ。

熊谷さんが続けた。「UltraH3 Linkageが重要だという仮説はおもしろいと思います。ただ、現世の地球に関してなら、みんなで航海を計画して、様々な分野の研究者と共同でそれを検証することができますが、過去の地球について考える場合はどうやって分野横断型研究に落とし込むんですか？」

「ひとつはさっき謙太郎君が説明したように、いまの地球に残る過去の地質記録から遡る方法があります。いままでの地質調査では、微生物や流体化学の研究者があまりコミットできていませんよね。例えば、ボクらが一緒に西オーストラリア・ピルバラの地質調査に行くだけで、少なくともこれまでとはその地質の見え方が変わってくると思いますよ」とボク。

ボクはさらに続けた。「でも、実際40億～38億年前の地質記録は地球上にほとんど存在しませんよね。それに地質調査とその試料の分野横断的分析や解析、解釈だけでは、押しが足りないと思うんです。そこで、この研究の目玉として考えていることがあるんです。40億～38億年前の深海熱水、いやUltraH3 Linkageそのものを実験室内に再現しましょう！ それで太古の地球の海水、熱水、そこでの分子進化、生命のようなモノの発生、そして生態系の代謝なんかを再現するんです」

全員「!!」

「といっても、最初はできるところから始めればいいと思うんです。すでに1980年代から岩石と海水の高温高圧反応実験（煮込み実験）がやられていますよね。特にカンラン岩と海水の煮込み実験で、水素がしこたまできるヤツとか。でもこういう実験は、コマチアイトでは誰もやってないし、コマチアイト煮込み実験で水素を生成させるとか、そのあとメタン菌をその中で増殖させるとか、それだけでも十分おもしろいし、実験はやればやるだけ結果が出るし、もう、やり放題っすよ、社長さん」

ボクはいつの間にか、歓楽街の客引きのおっさんのようになっていた。

謙太郎君も口を開いた。「いやいやいやー、ソレおもしろいっすね。ソレ、太古の熱水だけじゃなく、原始海水まで造れるかもしれませんね。それにボクの研究によれば、二酸化炭素も重要なんですよね！　あのマーブルバーの炭酸塩変質は……○♠◉◆▽※☯♣☆■（以下エンドレス独演会が続く）」

とこんなふうに、作戦会議は大いに盛り上がった。この作戦会議に集まったボクたちには、研究分野の壁なんて存在しないも同然だった。もちろん互いの専門用語に対する不慣れ感みたいなモノはあったかもしれないけれど、そんなの「それってどういうこと？」って聞けばいいだけの話だ。

それぞれの分野のいろんな知識や情報が、合わさって、紡がれて、うねりを伴ってひとつの大きなストーリーに編まれて行く喜び。問題点や矛盾点が出てくるたびに、それが次の議論のキッカケになったり、それを解決する別のストーリーが湧き上がったりする驚き。

そんな途轍もない興奮と快感に、ボクたちは時を忘れた。

この作戦会議を通じて研究提案書の骨子は固まった。会議の終わりに、ボクは「この

UltraH3 Linkage って、ちょっと呼びにくいよね。ウルトラエッチスリーリンケージかな?」と聞いてみた。

熊谷さん「いやHが3つ並んでいるので、H^3って上づきにすればいいんじゃない」。

ボク「おーそれ、いいアイデア。そーいや、昔、小泉今日子のことKyon^{2}って書いたよね」

全員「あー、あった、あった」

ボク「じゃあ、なんてったってアイドル世代の誓いということで、ウルトラエッチキューブリンケージで行きましょう」

こうして、ボクらの「ウルトラエッチキューブリンケージ仮説検証による地球生命誕生と初期進化の場とプロセスの真の解明を目指す革命的分野融合研究」の土台が出来上がった。

その研究提案書を書くのは、とても楽しかった。自分がやりたいとずっと思っていた研究といま自分がやるべき研究が、初めて完全に一致したような気がする。

「超好熱菌の研究をします。生命の起源を解き明かしたいと思います。よろしくお願いします」21歳のボクが大学の指導教官である左子先生に言った言葉である。

ボクはその自分のセリフを「ワシも昔はワルかったもんよ」と若気の至り的な思い出にしたくはなかった。埃をかぶりつつあったけれど、いつも頭の片隅にその言葉を書いた看板は掲げてあった。その言葉に対する答えを出す道筋を考えるために、本当にすこしずつではあったが、いろんな情報を収集し、いつか来るそのときのために備えて頭のあちこちにしまっておいたのだ。

その「いつか」がついにやって来た。これまで蓄えてきたものをゆっくり紐解きながら、「生命の起源を解き明かす」研究について、ボクは自分の言葉で、そして魂と情熱を込めて、提案書を書き上げた。もはやその提案が採択されるかどうかは、大した問題ではなかった。それを書き上げたことが、大きなマイ・レボリューションだった。

ふははは。この真の分野横断研究提案を見逃すようじゃ、JAMSTECもとっくの昔に潰れていたに違いない。その研究提案書を提出して2ヶ月ほどして、ボクらの新しい分野横断研究はめでたくスタートを切ることになった。

その4 ボク好みのナイスガイを探して

ボクらの新しい研究は、作戦会議に集まった5人を中心に、国内で海洋底研究を進める若い世代の研究者たちの協力を得て始まった。そして、太古の深海熱水を再現する装置（岩石―海水高温高圧反応装置）の作成やその他もろもろの研究の立ち上げを嬉々として進めていった。

解明すべき研究対象は巨大だったけど、ボクらの研究戦略は焦点が定まっていたので、たった5人でも「到底無理っす」という感じではなかった。ただ、ボクらはみな兼業で、この研究に100％集中できるわけではなかったので、JAMSTECの中では見つけられなかった強力な助っ人――特に太古代初期（40億～30億年前）の地球環境や科学化石や原始地球環境における有機分子進化を研究している学際的な若手研究者――を強く欲していた。

そんな仲間を見つけるチャンスが訪れたのは、2005年5月のことだった。

その前の年の夏にボクを集中講義の講師として招いてくれた東北大学の掛川武さん（東北大学大学院理学研究科教授）の誘いで、東京工業大学と東北大学が共同で開催する「初期地球の環境と生命の国際シンポジウム」に講演者として参加できることになった。

中村謙太郎君を除いて、ボクらはみんな初期地球環境に関しては素人（直接研究対象としていないという意味で）だったので、「プロとやらがどれほどのものか味わわせてもらおうか、士郎。くわっ！」「いえいえ、お勉強させてもらいますよ」「ワシらのアイデアがどう受け止められるか試し斬りよ、今宵のウルトラエッチは血を欲しておるわ！」「飛びきりクールな若者がいたら、ゲッチューDA・YO」という様々な思惑を交錯させつつ参加した。

その国際シンポジウムは刺激的だった。それまで『Nature』とか『Science』のような論文誌でしか知らなかった初期地球と生命の研究をリードする大物の研究者が、それはもうデカイ面で偉そうにしゃべっていた。ボクは「キャー！　○▲さまー♥」とかなりミーハー気分だった。

しかし会議が進むにつれ、そういう大物たちが「メタン菌がメタンを作っていたのらー」とか「一酸化炭素脱水素酵素複合体が鍵よ、そういうもんやろ！」とか言っているのを聞いて、「アレッ？」と思った。「さてはこいつら、チョイとかじった生物系の新しい知識を披露して、ケムに巻こうとしてないか」という疑惑がフツフツと湧き始めたのだ。

会議も終盤になるとその疑惑は確信へと変わった。「こいつらこそ、初期地球と生命の研究における分野融合の必要性を切実に感じているんだ。だから、かなり付け焼き刃的とはいえ、これまでにない新しい考え方とか解釈とかアプローチを導入しようとやっきになってやがる……」と。

ボクは上から目線モードにスイッチが切り替わった。

「ふははは、愚か者どもよ！　そんなメタボ体質になってから焦ってもすでに手遅れよ！分野融合と言うのはお肌ピチピチ世代の特権よ。オレ様が真の分野融合というモノを見せつけてくれるわ！」

これはあくまでボクの心の闇の部分を代弁しただけで（笑）、実際はすごく勉強になる会議だった。特に驚いたのが、日本の初期地球環境の研究レベルがすごく高いことだった。なかでも、ボクが「!!」と思ったのが、東京工業大学のポスドク（当時）をしていた上野雄一郎さんの発表だった。

それは、「35億年前の深海熱水の海底下にメタン菌と硫酸還元菌の活動が存在していたことを、35億年前に封印された太古の熱水のかけら（流体包有物や硫化鉄鉱物）から取り出した微小試料同位体比分析によって証明する」という研究だった。まさに、ボクらの求人条件にぴったりの内容じゃないか。

しかも上野雄一郎さんはクールでかっこ良かった。ボク好みだった。もちろん「お肌ピチピチの朝まで生テレビ」世代だった。

「この男！　すぐ使える！」

ボクは少々ナマイキだった上野雄一郎さんを捕まえてこう言った。

「上野さん、オメエ35億年前の深海熱水ガーとか吹聴しているみたいだな。それに最近、初期地球環境研究の若手のホープとか言われてチヤホヤされているみたいだけど、オメエ、一度でも実際の深海熱水見たことあんのか？　あ？　見たこともないのに、深海熱水ガーとか言ってんの？　それでも地質学者か!?　オレがオメエに本物の深海熱水を見せてやる。ついてこい！」

上野雄一郎は見た目に反して押しに弱いタイプだった。「えー、どおしよっかなー」とか言ってるうちに勝手にボクらのお友達1号にされてしまっていた。

そしてボクの講演の番がやってきた。もう完全に上から目線モードだったので、かなりエラソーな態度で発表したかもしれない。けれど、聴衆が興味を持って聞いているかどうかは、演台からはよくわかるものなのだ。十分手応えはあった。

講演が終わるやいなや、ひとりの男が「シュビッ」と手を挙げた。顎が発達した咬合力の強い肉食獣の雰囲気を漂わせた漢《おとこ》だった。

言わずと知れた地質学界の大御所、丸山茂徳その人だった。

「君のねー、言ってることはおもしろいんだけどねー、太古代初期のマントルの温度は高くて、地殻がいまとは比べモンにならんくらい分厚かったわけ。そうするとねー、カンラン岩みたいな超マフィック岩は、ほとんどないと予想できるわけ。だから超マフィック岩の支える熱水ちゅうのを想定するのは難しいと思うわけ」

ボクは「予想以上の超大物が引っかかってくれたわー、もう!」と心の中でガッツポーズをキメた。ここはクールに紳士的に行くぜー。

「おっしゃる通りだと思います。たしかにカンラン岩を想定するのは難しいとボクらも思っています。では、コマチアイトではどうですか? ボクなんかより丸山先生のほうがはるかにお詳しいと思いますけれど」

「……コマチアイトね……。たしかにコマチアイトならあり得るね」

時間の関係上、質疑応答はほぼこれだけだったけど、ボクは満足感でいっぱいだった。ボクらの研究の方向性は決して間違っていないと思った。むしろ、堂々と世界最先端だと自信を持っていいのだと確信することができた。

ボクらはますますこの新しい研究にのめり込むようになった。

それから3ヶ月以上も経ったある日、スペインの国際学会に参加していたボクのところに、一通のEメールが届いた。あの、丸山茂徳さんからだった。

「この前はとてもおもしろい話をありがとう。アレを聞いてから、君たちにボクの地質学者としてのエッセンスを叩き込まないといけないと思うようになりました。今度ＪＡＭＳＴＥＣに行きます。そしてボクのすべてを君たちに注入します」というメールだった。

なぜいまごろになって、突然思い出したかのようなメールが来るんだ？　という素朴な疑問が湧いたが、のちに丸山さんの人となりを知るようになって「なぜって、突然思い出したから！」と素朴に理解できるようになった（笑）。

けれど、そのメールはとても嬉しいものだった。たぶん丸山さんには、ボクらの伝えたかったモノがしっかり届いたんだと思った。分野横断とか分野融合というのは、知識や情報の共有や融合だけを意味するのではない。それぞれの研究者の情熱や想いをナマナマしく互いに重ね合わせることが重要なんだと思う。だから、丸山さんは「地質学者としてのエッセンスを叩き込む」という表現をしたんだと思う。

ボクは隣にいた妻に言った。「丸山さんがすべてをオレに注入するとか言ってるよ」。「ふーん、ケンちゃん、挿入されるんや。フフ」。ボクは思わず吹き出した。そしてゾゾとした。妻の言っていることはどこまで本気なのかわからないけれど、その感覚が見事だなと思った。知識や情報の共有だけでなく、剝き出しの情熱や想いの重ね合わせが真の分野融合であるなら、それは研究者にとってある意味セクロス（国際的に競技人口が最も多くプロ選手も多数いる世界中で愛されるスポーツ。と暗喩されるアレ）のようなモノだからだ。

そして、丸山さんはＪＡＭＳＴＥＣにやってきた。１時間半の独演会のあと、ボクらウルトラエッチキューブリンケージ研究グループは丸山さんを囲んでいろいろ語り合った。丸山さんの舌鋒はとどまることを知らず、挿入はなかったけど、いろいろ注入してもらったおもしろい会だった。

丸山さんはその日、ひとりの博士課程の学生を連れてきていた。サーファールックに肩まで伸ばしたロン毛、そして色黒。それだけ書けば、チャラ男っぽく聞こえるかもしれないが、ムードはもっと「ワイルドだろぉ」なかなりかっこ良い男だった。ボク好みだった。何より射抜くような、それでいて澄んだ目が印象的で、ナニカ芯の通った熱いものを感じさせた。この男こそ、現在ＪＡＭＳＴＥＣプレカンブリアンエコシステムラボラトリーで研究員をしている（在外研究でＮＡＳＡ ＪＰＬ＝Jet Propulsion Laboratoryでスパイ活動中）渋谷岳造君だった。

そのとき、渋谷君はあまりしゃべっていなかったけれど（そりゃ肉食獣指導教官と一緒じゃあ気を遣うわな）、ボクは彼のオーラを見て感じたんだ。

「この男！　将来使える！」

さらに丸山さんは、自分の研究室に配属された学生さんがボクたちとの共同研究を進められるように取り計らってくれた。２００７年４月から煮込み実験（太古の深海熱水再現実験）に取り組んでくれた吉崎もと子さん（２０１３年３月に博士課程修了）は、ウルトラエッチキューブリンケージ研究グループ創成時からの最古参メンバーのひとりになった。

その5 プレカンブリアンエコシステムラボ、誕生

ＪＡＭＳＴＥＣ「第1回分野横断研究アウォード」の助成を勝ち取り、２００４年12月から始まったボクたちのウルトラエッチキューブリンケージ研究は、おおむね順調に進んでいた。

念のため繰り返すが、ウルトラエッチキューブリンケージとは、深海において「最古の持続的生命が誕生、繁栄した場とその成り立ち」を記述する仮説で〝超マフィック岩から水素が生まれ、その水素と熱水活動によって最古の微生物生態系が成り立っている〟というものだ。

最初に掲げた2つの研究目標のうちのひとつ、「中央インド洋海嶺かいれいフィールドの近傍に、超マフィック岩の存在を突き止め、現世地球におけるウルトラエッチキューブリンケージを証明せよ」ミッションは大成功を収めた。つまり、インド洋かいれいフィールド周辺には本当に超マフィック岩が大量に存在していて、それがかいれいフィールドの高濃度水素を支えていたのだった。また、かいれいフィールドの他にも、大西洋中央海嶺レインボーフィールドにおいてもウルトラエッチキューブリンケージを証明することができた。

しかし、もうひとつの目標、原始地球におけるウルトラエッチキューブリンケージを実験室内に再現するのは、予想以上に困難なミッションであることがわかりつつあった。たかだか2年とちょっとという、このプロジェクトの助成期間内にはどうやら完遂できそうになかった。

とはいえ、原始地球におけるウルトラエッチキューブリンケージを現代の実験室で再現することこそ、初期地球と生命の関わりを直接的に研究できる切り札となる以上、このまま中途半端にやめるわけにはいかなかった。

2006年10月、ボクらは研究を半年間延長（しかも研究資金つきで）する交渉に成功した。

当時ＪＡＭＳＴＥＣの研究担当理事を務めていたのは、現在、統合国際深海掘削計画国際計画管理法人（ＩＯＤＰ－ＭＩ＝ＪＡＭＳＴＥＣの地球深部探査船「ちきゅう」などが活躍する統合国際深海掘削計画［ＩＯＤＰ］の中央管理組織）のプレジデントである末廣潔さんで、末廣さんはボクらのボトムアップ研究ゲリラ組織を、いつも応援してくれていたのだった。若い研究者たちが楽しそうに侃々諤々と研究を進められるようなＪＡＭＳＴＥＣにしたい、と想っているのがストレートに伝わって来る人だった。

末廣さんは地震学者だったので、ボクらとの研究上の接点はなかった。実際、末廣さんが、ボクらの研究成果をＪＡＭＳＴＥＣの成果として表立って語っていた記憶もほとんどない。ただ新しく出た成果を話しに行くと、そんなに興味があるわけではないはずなのに、子どものように笑って「がんばってるねー」と声をかけてくれていた。それに研究資金だけでなく、酒盛りの資金をねだりに行くといつも「オレも行っていいの？」と参加してくれたのだ。

「この男！（パトロンとして）使える！」

ボクは、末廣さんに甘えっぱなしだった。

半年間延長された研究期間も終了間際となった２００７年３月、「原始地球におけるウルトラエッチキューブリンケージの実験室内再現」の目処がついた。でもようやく目処がたっただけの状態に過ぎず、しかしこれからバシバシおもしろい成果が出てくるだろう手作り実験システムを前に、この異分野融合秘密結社を、「ハイ解散！」と終わらせてしまうのはいやだった。そこで、ボクは末廣さん相手に一大博打を打った。

「ＪＡＭＳＴＥＣの歴史上、最下層の研究者からボトムアップで創成された研究プロジェクトが、公認の研究組織になった例は皆無です。これはＪＡＭＳＴＥＣの暗黒の歴史です。世界に名だたる研究所が、単なる役所の御用聞き組織のままでいいのでしょうか。本来研究組織とは、その道の先導者たる研究者の自然発生的な発想や情熱に基づいた集合・共同・協調行動の中から生まれ出ずるべきモノでしょう。我々のウルトラエッチキューブリンケージ研究はまさしくそういう研究グループです。成果も順調に出ています。これをハイ終了とか言ったらＪＡＭＳＴＥＣ末代までの恥になりますよ！」

いつもアポなしに突然理事室にフラリとやって来ては言いたいことだけ言って「今日はこれぐらいにしといたるわ！」と吉本新喜劇の池乃めだか風に去って行くボクのことを、末廣さんはずいぶん鬱陶しく思っていただろう。その場ではいつも「わかった。わかった。ナナントカしてやるから」とテキトーな相槌を打っているだけのようでいて、実際何回もナントカしてくれたのだ。

末廣さんは研究の半年間の延長を再び認めてくれ、さらに２００７年６月には「ＪＡＭＳＴＥＣバーチャルラボシステム」なる新規プロジェクト募集を準備してくれた。つまり、いろいろ役所との兼ね合いもあって、公には新しい研究組織を作るわけにはいかないが、バーチャルな研究組織なら内部で対応できるので、「自信があるならそれに応募してみろや」ということだったのだ。

そして「ＪＡＭＳＴＥＣバーチャルラボシステム」への応募のため、ウルトラエッチキューブリンケージ研究グループのメンバーは再びいつもの場所に集結し、作戦会議を開いた。ＪＡＭＳＴＥＣの別のグループで太古代環境の研究を行っていた山口耕生君（現・東邦大学理学部准教授）が加わった。

山口君はアメリカで博士号を取得し、全米の大学や研究機関をバーチャルなネットワークで結び、宇宙生物学という海のものとも山のものともつかない研究分野を推進するNASA Astrobiology Instituteという研究所にも所属しながら研究を行ってきた強者だった。

山口君は開口一番、「このＪＡＭＳＴＥＣバーチャルラボシステムでは、ウルトラエッチキューブリンケージ分野横断研究をさらに推し進めた、アストロバイオロジーを目指しましょう」と切り出した。

アストロバイオロジー!!　たしかにボクもアストロバイオロジーには興味があった。思い出せば、1994年に最初にワシントン大学海洋学部のジョン・バロスの研究室に留学したとき、実験室の扉にCosmomicrobiology Labというプレートが貼りつけてあって、若かりしボクは「カッケー！　なんてカッケー！　ウホ！」と興奮したものだった。

そして思わず居眠りしたくなるようなうららかな昼下がりなどには、眠気覚ましのつもりかどうかわからないけれど、よくジョンが実験室にやってきて、「最近ではアストロバイオロジーって言うようになってきたが、アメリカでは徐々にポピュラーになってきている研究分野なんだ。オレたちがやっている深海熱水の微生物の研究も立派なアストロバイオロジーの領域なんだよ」などと話してくれたっけ。

そんなこともあったので、山口君が「要チェックや！　やっぱりアストロバイオロジーなんや」と言い出したとき、ボクの心は「ドクン」と大きく脈打った。

アメリカにおいて、アストロバイオロジーの意味する研究領域は広かった。天文学や宇宙物理学の銀河や太陽系の形成論や、地球外生命探査が最大の焦点だったのはもちろんだが、それと同じくらい、生命現象の一般性や地球外環境のアナログ（類似・相似形）である地球極限環境の研究を推進させ、かつその分野を超えた相互作用の発展を目指していた。

けれど、当時の日本におけるアストロバイオロジーの状況はというと、宇宙論、天文学的物質探査、地球史研究、隕石宇宙化学、宇宙における化学進化実験、極限環境生物学などがそれぞれの分野で「我こそアストロバイオロジー的存在ナリ〜」みたいな、まるでヤマト王権（大和朝廷）時代の地方豪族勃興の状態のようだった（ただし、お前がヤマト時代の地方豪族の何を知っているのだと言われればそれまでである）。

そして何より、研究者のあいだにも、一般の人たちのあいだにも、かなり「アストロバイオロジー？　臭ェー、ウサン臭ェー」というムードが充満していたのは否めない。だから、アストロバイオロジーと聞いて「ドクン」とはしたものの、ボクはその言葉を使うのはまだリスクが大きすぎると感じた。アストロバイオロジーという研究分野はとかく、ＪＡＭＳＴＥＣ上層部、特に一番の太客である末廣のオジサマなどから、その呪文を唱えるマホー使い系研究者に対する嫌悪感がヒシヒシと伝わって来るのを痛感していたからだ。

ウルトラエッチキューブリンケージ研究グループのメンバーも、似たような印象を持っているようだった。ただ山口君が言うように、アストロバイオロジーが必ずしも地球外知的生命体探査（ＳＥＴＩ＝Search for Extra-Terrestrial Intelligence）だけを目標としているのではなく、物理学や化学と同じように、宇宙共通の一般的原理として生命現象を解明しようとする学問領域を目指すものなのだという考えには全面的に賛成だった。

アストロバイオロジーの持つ、そんなオトナの包容力を取り入れつつ、またNASA

Astrobiology Instituteの目指す方向性の理想像を模倣しつつ、約40億年前の地球生命の誕生時の地球—生命の相互作用に焦点を絞った分野横断研究（ウルトラエッチキューブリンケージ研究）を目指そう。さらには化石記録がほとんど残っていない先カンブリア紀における、生命の誕生から多細胞生物の出現までの地球—生命共進化の道筋の全解明を目指そうず。ボクたちは、そんなバーチャル研究組織を提案することに決めた。

この提案書の草稿書きも、相当に楽しかった。ボクたちは手分けして、現在までに知られる先カンブリア紀の重要な地球—生命史イベントを徹底的に洗い直して、ボクたちがどのような新しい分野横断アプローチでこの研究領域に切り込めるかを一生懸命に考えた。それぞれの分野の見解をぶつけ合い、何がわかっていないのか、何を明らかにすることができそうかを絞り込んでいった。

そしてウルトラエッチキューブリンケージ研究のときと同じように、提案書が完成した時点で、ボクたちは喩えようのない満足感を得ることができた。ボクたちは不純異分野交遊の快楽を知ってしまったんだ。一旦そのアブノーマルな快感を知ってしまうと、既存の研究分野でのノーマルな喜びではなかなか満足できなくなってしまうのだった。

そんな背徳の喜びを知ってしまったボクたちが提案した「プレカンブリアンエコシステムラボラトリー（略してプレカンラボ）」は２００７年10月に、まずバーチャルラボとして発足することになった。

そのようにして誕生したプレカンラボは激動の軌跡を刻みながら、いまなおその勇姿はＪＡＭＳＴＥＣの中で燦然と輝いている（震え声）。その提案書に書いた志は色褪せることなく、ボクたちの進むべき道の方向性をはっきりと照らしてくれているのだ（さらに震え声）。

▶http://www.jamstec.go.jp/less/precam/j/index.html

プレカンラボ、絶滅の危機　その6

プレカンラボのトライアル版が始まって数ヶ月。２００８年になるとボクは、またもやアポなし理事室突撃を敢行し、末廣さんに直談判を行った。

「どうも、プレカンラボ設立のＪＡＭＳＴＥＣの男気が国内で話題騒然で、ポスドク経験者や博士号取得予定学生から、研究員やポスドクの採用予定についての問い合わせがすごいんです。プレカンラボはバーチャル組織でいくというのが約束でしたが、リアルな専属研究者がいないのは仏像を彫って魂を入れないのと同じです。ＪＡＭＳＴＥＣバーチャル研究ポスドク制度を導入しましょう（当時、ＪＡＭＳＴＥＣにはポスドク制度がなく、各研究センターが直接必要な研究者を雇う制度だったので、バーチャル組織だったプレカンラボにはその権利がなかった）。野村監督時代の阪神のＦ１セブン（赤星選手をはじめとする７人の俊足選手）みたいに末廣さん直属の研究者を雇ってください!!」

こうして書くと末廣さんは「めっぽう押しに弱い、人の良さそうな上司」みたいに思えるかもしれないが、ホントーは理想主義者で鬼のような行動力と決断力を持ったパワフルかつ恐ろしい人だったのだ。何度も直談判が成功したのは、たまたまボクと末廣さんがそれぞれに思い描いていた方向性に合致する部分があっただけである。そのように指摘する専門家が多い（どこに）。

ボクが直談判を行ったのは、大きな危機感があったからだ。実はその年の３月に、ウルトラエッチキューブリンケージ研究の立ち上げに大きく貢献した分野融合実験動物……もとい日本学術振興会博士研究員の中村謙太郎君が、東京大学大学院工学系研究科の特任助教として栄転することが決まっていた。

このまま手をこまねいていたらきっとボクたちのプレカンラボは自然消滅してしまう！ボクはＪＡＭＳＴＥＣに初めて誕生したボトムアップゲリラ研究組織をぜったいに潰した

くなかった。それにブラックなボクとしては、地球科学と生命科学をひとりの研究者のなかで融合させる人体実験のために、謙太郎君に続く活きのイイ生け贄が必要だったのだ（ニヤリ）。

末廣さんとの交渉はうまくいった。4月には「この男！　将来使える！」とボクが見初めた丸山茂徳さんのところにいた渋谷岳造君が最初のプレカンラボ専任ポスドクとしてやって来た。何も知らない渋谷君は、地質学にも岩石学にもさして関心のない微生物学研究者たちの大部屋にひとりポツネンと机を構え、たったひとりのプレカンブリアンエコシステムラボラトリー研究員（芸名：ラボひとり）として完全放置プレー状態からのスタートを切ったのだった。

後年、渋谷君はその当時のことをこう語る。

「最初はホントに淋しかったですね。タカイさんがいない日は、一日中誰とも会話しないことが多かったです。でも逆に自由でした。構成員ひとりですから。成果を出さないとすぐに首を切られるというプレッシャーはありましたが、だんだんとその自由さが心地良くなっていきました」

渋谷君は孤軍奮闘し、研修生だった吉崎もと子さんと一緒に「原始地球におけるウルトラエッチキューブリンケージ再現実験」を見事に軌道に乗せてくれた。

それだけでなく、完全放置プレーをじっくり思索にふけることができるというアドバンテージに変え、「地球で生命が誕生したと考えられる約40億年前の深海高温熱水は、現在のブラックスモーカー型の酸性高温熱水ではなく、強アルカリ性の白っぽい熱水だったはずだ」という「原始高温強アルカリ性熱水」の仮説論文を書き上げた。

その仮説論文は、ボクも含めた深海熱水研究者の常識を覆す革新的な深海熱水像を提示しただけでなく、ウルトラエッチキューブリンケージ仮説と互いに足りないところを補うような形で統合できて、最古の生命誕生シナリオに大きなブレイクスルーをもたらすことになった。

さらに言えば、その仮説は「放散虫が誕生もしていなかった太古代（約40億〜25億年前）の深海底になぜ大量のチャート（放散虫や海綿動物などの殻や骨が海底に堆積してできた岩石）が生成されるのか」、あるいは「酸素がほとんどなかったと考えられる太古代の海底になぜ酸化鉄でできた縞状鉄鉱層が形成されたのか」という地球史における長年の謎をダブルで一気に解決するほどの破壊力をもった革命的アイデアだった。

ボクでさえ、最初に渋谷君からそのアイデアを聞いたとき、思わず「ぜったいありえん！　オレは信じねー！」と言ってしまったほどだ。しかしその実、プレカンラボのお友達第1号である上野雄一郎さんと35億年前の深海熱水の地質学的証拠を議論してからというもの、「もしかしていまの深海熱水と当時の深海熱水は、まったく異なるモノだったのではないか？」という考えを持ってもいたのだ。

そして渋谷君が書き上げた論文の第1稿を読んだとき、そのアイデアの革新性とインパクトの大きさに体中が痺れるような感覚を覚えた。そして「この研究成果によってプレカンラボは少なくとも10年は安泰だろぅ」と確信するに至った。

でも、世の中ってそんなに甘くないのね。ボクの勝手な戦勝気分とは関係なく、渋谷君がやってきてから1年も経たない2008年12月には、JAMSTECの一部方面から「プレカンラボ、イラネ」という声が聞こえてきた。

そのころ、JAMSTECは新しい中期計画の下、研究組織を編成し直して再スタートを切ることになっていた。もちろん中期計画が変わるたびに組織が変わるのは独立行政法人の宿命なのだが、その場合大きな組織の改編が優先して行われるはずで、実質「ラボひとり」状態のプレカンラボなどは最後の最後の微調整でどうとでもなるわいとタカをくっていたのだった。それにラボひとり状態の渋谷君はがんばっていたし、プレカンラボには輝ける未来が待っていると思っていた。

またこの2008年度末の改編においては、ボクがJAMSTECにやって来るキッカケをつくってくれた、そしてずっと面倒を見ていてくれた掘越先生が引退されるという大きな人事があり、ボクは掘越先生引退後の微生物研究グループ本隊の改編の荒波に飲まれ、プレカンラボではなくそちらのほうに時間と労力を費やさざるをえなかった。

いよいよ年の瀬も近づいたあるとき、JAMSTECのいろんな部署に潜むプレカンラボシンパのエージェントから、「役所と折衝する企画系の部署で、とにかくプレカンラボがウザいからなくしちゃえという声が上がっているよ」というタレコミを受けた。あれほど純でまっすぐでキュートなナイスガイだったはずのボクは、そのころには立派に「インテリジェンスを制す者が世界を制す。ゲフゲフ」というドス黒いおっさんにトランスフォームできる能力を身につけていた。ボクは頭から湯気をピューピュー吹き出しながら、またまたアポなし理事室突撃を敢行した。しかし末廣さんもそんな話は初耳だと言った。

「それはヤバいね。今回の新しい中期計画に伴う改編は、ボクが独断で突っ走っているからいろんなところから思わぬ抵抗があるんだよ。とにかく理事長と全理事、上層部を集めて、プレカンラボの今後の計画についてヒアリングしよう。それが存続できるかどうかの勝負だよ、タカイ君」

こうして、プレカンラボ存続をかけたヒアリングが1週間後に決まった。

しかし、その日取りがまた最悪だった。ボクは他のヒアリングやら出張やらが重なり、準備のための時間が満足にとれそうになかった。しかも当日ギリギリにJAMSTECに戻ってきて、他のメンバーと打ち合わせするヒマもなくヒアリングに直行するという、まさしく出たとこ勝負になってしまいそうだった。

渋谷君に「キミの首が懸かってるから、死ぬ気で準備しておけ！」と伝えて、他のメンバーにも「プレカンラボ絶滅の危機！」というメールを流して危機感を煽りつつ、ボクもできるだけの準備をして当日を迎えた。「もしかしたらボクが無責任に連れてきた若い研究者を路頭に迷わせることになるかもしれない。それだけは相手と刺し違えても阻止しないといけない」という悲壮な気持ちでヒアリングの待ち合わせ場所に向かった。

なんとそこにはプレカンラボのメンバーが全員揃っていた。しかも東大に転出して客員研究員扱いになっていた中村謙太郎君までいた。このヒアリングはボクと渋谷君と2人でやるつもりだったのに、みんな「プレカンラボ存続の危機という話を聞いて飛んできました」と言ってくれた。そして謙太郎君は「ボクと渋谷君で一世一代のプレゼンをやりますから！」と言い放った。

ボクはあの瞬間の気持ちをずっと忘れないだろう。

たしかにウルトラエッチキューブリンケージ研究からプレカンラボ立ち上げに至るまで、

みんなで協力してやってきた。それなしにはとてもここまでやってこられなかっただろう。でもどこかでやっぱり、ボク自身の勝手な思い入れやアイデア、意思、願望を前面に出して、みんなを強引に巻き込んできたという意識があった。だからこそ、プレカンラボは、ボクがなんとか存続させないといけないんだと責任を強く感じていた。

けれど、ヒアリングを前にしてこうして自然に全員集結したメンバーを見て、それはボクのひとりよがりだったかもしれないと感じた。キッカケはたしかにボクの勝手な思い入れや情熱だったかもしれない。でも一回みんなで共有し、分かち合った思いや情熱は、分野の異なるそれぞれの研究者の中で独自に芽を出し、成長し、実をつけ、ひとつの目標に向かって研究を進めて行く大きな原動力になっていたのだと実感した。

ボクはそれがたまらなく嬉しかった。

そして、運命のヒアリングが始まった。難しそうな顔をして座る上層部の面々に対して、謙太郎君と渋谷君が、渾身のプレゼンをしていた。緊張した面持ちながら、彼らの熱意がビンビン伝わってくる最高のプレゼンだった。ボクはその姿を見て涙が出そうになった。

彼らはラボの、そして自分の存在を賭けて、プレカンラボの研究の意義や素晴らしさ、そしてこれまでの成果についてアピールしていた。

その内容のほとんどは、ボクがかつて口にした考えやフレーズだったかもしれない。しかしもうそれは立派に、ボクと研究分野を異にする彼ら自身の言葉となって語られていた。これこそがボクたちが目指した真の分野横断であり、分野融合のひとつのゴールと言ってよかった。

放っておくと溢れそうになる感激の涙を、ボクは必死でこらえた。当然だ。彼らがこんなに分野横断研究の素晴らしさを見せつけてくれたのに、ボクがここで感傷的になってどうする。今度はボクの番だ。

ボクはいつものケンカ腰のプレゼンではなく、できるだけ落ち着いてゆっくりと、このヒアリングに際して、リーダーのボクではなく、若い謙太郎君や渋谷君がこれだけがんばってくれたこと、ボクら研究者だけでなく事務方の人たちが一生懸命準備を手伝って応援してくれたこと、末廣さんもこうしてヒアリングのチャンスを作ってくれたこと、すなわちＪＡＭＳＴＥＣの多くの人の思いに支えられてプレカンラボは存在しているのだと述べた。

そして、こういう研究者の自発的な行動を大切にして、それを現実の研究活動に反映することができるＪＡＭＳＴＥＣに感謝するとともに、それを無上の誇りに思っていると。このヒアリングでその素晴らしさをすこしでも共感していただけたならば、ぜひこのよう

「ラボひとり」渋谷岳造君（左）と「軍事オタ」中村謙太郎君（右）と金沢大学の森下知晃氏（中）がインド洋かいれいフィールドの近傍の超マフィック岩ハンティングの獲物を物色中のヒトコマ（提供：高井研）

な研究活動を引き続き支えて欲しいと。

ボクはそう伝えた。ボクの話が終わると、末廣さんはボクたちにニコっと笑顔を向けた。そして居並ぶ面々に「では、そういうことでよろしいですね」とだけ言って、一瞬で話をまとめてしまった。

ヒアリングが終わったあと、ボクはとても清々しい気持ちだった。それはまるで、ボクが昔、ＪＡＭＳＴＥＣに面接にやって来て、掘越先生に自分の想いを伝えることができたときに感じたような清々しさだった。伝えるべきことを、きちんと伝えることができた満足感だった。

そしてこのヒアリングのおかげかどうかわからないけれど、２００９年4月以降の新しい中期計画でも、プレカンラボの存続が決まった。しかもバーチャルラボではなくて、現実のリアルラボとして再スタートすることになったのだ。しかもしかも、新中期計画移行の混乱に乗じて、専任研究員を3名採用することもできるという超VIP待遇だった。

新生プレカンラボに向けての準備が完了した2009年3月、ラボヘッドだった末廣さんに感謝の気持ちを伝えに行くと、末廣さんは突然、「ボクは5月からIODP-MIに移るからあとは任せたよ、タカイ君」と言った。ボクは思わず絶句してしまったが、末廣さんにはお世話になりっぱなしだったことを思い出し、精一杯淋しさを隠して「ボクになんの断りもなく勝手に出て行かないで下さい。いまここで、末廣さんをプレカンラボ終身ラボヘッドに任命します。なので、形式上IODP-MIに出向というカタチにしておきますよ」と減らず口を叩いた。末廣さん「ハハハ、じゃあIODP-MIをクビになったら雇ってもらうか」。ボク「でもウチは厳しいですから、そのときはポスドクから始めてもらいますからね」。

ボクの中では、末廣さんのプレカンラボからIODP-MIへの貸し出しはまだ継続中のままである。

その7 宇宙の深海をめざして

２００９年４月から始まった新生プレカンラボには、３名の専任研究員がやって来た。

「ラボひとり」としてプレカンラボ不遇の時代を支えた渋谷岳造。

せっかく東京大学大学院工学系研究科に栄転したくせに、面接試験で「人生は一回きりなんで、やっぱりやりたい研究をやるために出戻りさせて下さい」と、またもやボクの涙腺を決壊させそうなことを言って戻って来てしまった中村謙太郎。

そしてカナダの国際学会で発表を聞いたあと、ボクが「オメェー、太古代の微生物による窒素循環とかほざいてるけど、いまの微生物の窒素代謝を実際調べたことあんのかよ？あっ？　オレが本物の窒素固定を見せてやる。ついてこい！」とか言って脅迫したら、ホントーに募集に応募してきてびっくりした西澤学。

それと、プレカンラボ専任ではなかったけど、外見は豪快なゴリラ顔のくせに、内面は口先番長気質の繊細なメガネ君タイプで、「高圧的にＪＡＭＳＴＥＣに来い！　とか言われると行く気が失せるんで、適度に勧誘してあとはネチネチかまわないで下さい」とか扱

左／ソリに乗ってワーイ、な遠足中の中学生ではなく、プレカンラボの西澤学君。「西澤の前に西澤なく、西澤の後に西澤なし」とまで言われる「日本で最初に微生物学と地球化学を融合した男」らしい。なめてんのか、テメエ　右／しんかい6500から出てきた亀田興毅、ではなく、海洋・極限環境生物圏領域＆プレカンラボの川口慎介君。「シャー、こら！」もしくは「ウホ！」と言いそうなくせに、実は繊細で虚弱な最年少（提供：ともに高井研）

いの難しい彼女のような口をきくワリに、結局いつも情にほだされる川口慎介を加えた４人体制になった。

ボクはあの第１回の絶滅危機を乗り越えたとき、感じたことがあった。新生プレカンラボには、若いしっかりした力が着実に育っている。もうボクの力なんてほとんどいらない。あとは個性豊かな彼らが創っていけばいいのだと。

新生プレカンラボの連中も個性豊かな頼もしいヤツラだった。先ほど紹介した４人は、日本地球化学会の奨励賞を立て続けに受賞してしまった（まあ全然大した賞じゃないと言ったら日本地球化学会には怒られそうだが）。

彼らの頼もしさは研究がしっかりしているだけじゃない。ボクの長期的な研究テーマである「ひとりのワカモノ研究者の中に分野融合を実現させる」という人体実験に、自ら率先して協力してくれてもいるのだ。

中村謙太郎君は変質岩石の専門だったはずなのに、いつの間にか「インド洋で見つかった新しい深海熱水域での白いスケーリーフット発見と黒いスケーリーフットとの遺伝的・生理学的・発生学的比較」みたいな論文をまとめ上げるまで変態化が進んできた。

西澤学君は日本地球化学会の奨励賞をもらったときの授賞理由として、「日本で最初に地球化学と微生物学を融合させた希有な人材」とか言われて有頂天になっていたらしい。ほう、オレ様を差し置いて「地球化学と微生物学を融合させた最初の研究者」だと。上等だ、表に出ろ。勝負したる。

川口慎介君はこれまた、知識だけはバッチリの耳年増の女子中学生みたいな、頭ではパーフェクトな分野融合を成し遂げた「希有な人材」であるが、とにかく実験が嫌いという不治の病に侵されているので、まずは「居残り試験管洗い2万本の特訓です」と言いたい。

渋谷岳造君は肉食獣指導教官の影響か、壮大な放置プレーの後遺症のせいか、研究指向において一番保守的なところがあった。とはいえ彼自身は、絶滅が危惧されつつある変質岩石学やフィールド地質学の研究者なのでそれはそれでとても貴重な人材である。

……と思っていたらその後、渋谷岳造君はNASA JPLに留学することになり、現在は分野を超えてアメリカの宇宙生物学者、天才マイケル・ラッセルと日々濃厚な時間を過ごしている。すごくイイ影響を受けているようで楽しみである。渋谷君が「生命の起源の鍵はＲＮＡワールドですよ」と言い出したら、アンチＲＮＡワールドのボクだって、いつでもＲＮＡワールド派に転ぶ準備がある。

このように素晴らしい仲間にも恵まれ、順風満帆かと思われたプレカンラボだが、しかし、いつだって物事というのはそんな簡単にハッピーエンドとはならないのだ。

２００９年４月に始まった新生プレカンラボには、その後もたびたび絶滅の危機が訪れた。２０１０年の秋には、行政刷新会議（あの有名なレンホー議員のヤツの目立たないバージョン）の指導書に「プレカンラボって何よ？　それイラネ」とまで書かれてしまったり、そのためＪＡＭＳＴＥＣの前プレジデントから「名前を変えてちょ」と言われたり、企画部門から「もうそろそろいいんじゃないすか」と肩叩きされたり。

それでもプレカンラボはいまなお存続している。

絶滅危機が訪れるたびにメンバーが集合し、己の存在を賭けたプレゼンテーションや諜報・破壊活動を行って、ナントカ持ちこたえてきた。相変わらずボクもしゃしゃり出るけれど、メンバーたちの自分の組織は自分で守るという意識と行動は、プレカンラボ設立以来変わらずに存在している。それは第１回絶滅危機を救った、あの自然発生的研究組織を守ろうとする「ＪＡＭＳＴＥＣの誇り」が消えていない証拠だ。

新生プレカンラボの存在は、ＪＡＭＳＴＥＣの他の研究組織や他の大学、研究機関の研究者たちにもきっと良い影響を及ぼしているに違いない。

新生プレカンラボのメンバーたちが触媒となって、どんどん分野横断的な研究のネットワークが広がりつつある。そして多くの若い世代の研究者たちは、もはや分野を横断していることなんて特に意識していないだろう。解明すべき対象に対して当たり前のように分野横断的なアプローチを駆使し、その結果を学際的に議論するようになった。

最初のインド洋のかいれいフィールドのしんかい６５００の潜航調査でハイパースライムを発見し、その結果に触発されてウルトラエッチキューブリンケージ研究グループを立ち上げ、それに続くプレカンブリアンエコシステムラボラトリーを創設し、そしてその存亡を賭けた闘いを繰り広げてきた。

そんな過去を振り返ってみると、ボクにとってその過程は、深海熱水や地殻内の微生物研究に打ち込んだ自身の青春記とはまた違った、「研究をともにする仲間やいろんな意味で支えてくれた人たちとの想いを載せた青春のアルバム」と言えるモノになっていた。

そして最後にすこしだけ、最近のボクのことを。

あれは2011年の2月のことだった。ちょうどこの本の原稿を書き始めたそのころ、ボクはある人からメールで横浜の桜木町に呼び出された。

メールの送り主は宇宙航空研究開発機構（JAXA）の矢野創さんという面識のない人だった。ただ一緒に招集されていたJAMSTECの同僚の高野淑識君から、あの一大ブームを巻き起こした「はやぶさ」プロジェクトに大きく関わっていた人だということは聞いていた。そんな人が一体なんの用なのかとボクは訝しんだ。

そのメールの件名には「エンケラドゥス探査に関して」とあった。

桜木町駅の改札前で待ち合わせたのは、ボクと高野君と矢野さんと東京薬科大学の山岸明彦さん、そして玉川大学の吉村義隆さんの5人だった。ボクたちは日曜日で家族客やカップルで賑わうカフェにいそいそと入り、矢野さんを囲んでムサいおっさん5人で車座になった。

矢野さんはいきなり「エンケラドゥスへ探査機を飛ばして地球外生命探査を行うことに興味ありませんか?」と切り出してきた。

その言葉を聞いて、みんなゴクリと唾を飲み込んだ気がした。エンケラドゥスというのは土星の周囲を回っている衛星だ。

ボクは「興味があるかと聞かれれば、めっちゃ興味があります」と答えたような気がする。みんな同じようなことを言ったと思う。ただボクには矢野さんの質問の重みがよくわからなかった。

その場に参加していた人はみんな、「アストロバイオロジー」という名の研究会やシンポジウム、あるいは研究ヒアリングで「地球外生命探査」というキーワードに何らかの関わりを持っていたはずだ。しかしつまるところ、夢や願望として地球外生命探査を考えたことはあっても、目の前のプロジェクトとして捉えていた人は少ないだろう。

山岸さんと吉村さんは日本版火星生命探査プロジェクトを推進しているし、高野君は「はやぶさ2」のリターンサンプル科学分析に深く関与している。しかしそれらの研究は、アストロバイオロジーではあるものの、リアル地球外生命探査と呼ぶにはまだ果てしない距離がある段階のものだ。

ところが実際に、世界最初の小惑星サンプルリターンを成功させたプロジェクトに関わっていた人の口から「エンケラドゥス地球外生命探査」という言葉を聞くと「マジかよ」という実感を伴った疑問が湧き上がってくるのだった。

「はやぶさ型ナヴィゲーションとフライバイサンプルリターン（着陸せずに通過時に衛星

から塵、ダストを捕まえること)によってエンケラドゥス地球外生命探査をしようず」というアイデアを聞いたのは、実はこれで2回目だった。1回目はアメリカのペンシルバニア州立大学のアストロバイオロジー研究部門のディレクターをやっているクリストファー・ハウスが2010年にJAMSTECでセミナーをやったときに聞いたのだった。

そのときボクは、はやぶさのことも、エンケラドゥスのこともあまり知らなかったので、「へぇー、はやぶさはアメリカでも大人気なのね。エンケラドゥスって潮吹き衛星なのね」ぐらいのなんとも盛り上がらない反応だった。でも「たしかにおもしろいアイデアだな」と、「アメリカはそんなことをやろうとしているのか」と、脳内メモリーにインプットしていた。なので、矢野さんの口から「エンケラドゥス地球外生命探査」という言葉が出たとき、やはりエンケラドゥスは地球外生命探査のターゲットとしてホッテストなのかと痛感したのだった。

矢野さんは続けた。「興味があることはわかりました。それでもう一度確認したいのですが、どこまで本気ですか? もしやるとなったら本気で打ち込めますか?」

ボクは正直、なんてシビアなことを言う人なんだろうと思った。いまの日本で、本気でエンケラドゥス地球外生命研究なんてできるはずがないだろうと。研究試料もなにもない状態で、どうやって本気を出せと言うのだ。

「エンケラドゥス地球外生命研究なんて所詮絵に描いた餅だろ。まあよくてNASAの十八番のアルアル詐欺商法、つまりアミノ酸の発見ぐらいの炎上商法が関の山だわな」と瞬時に分析が完了した。そして「アミノ酸であれば高野君の得意とする研究分野だから、ここは高野君をプッシュしてフォローに回ろう」とボクは逃走経路を確保する態勢をとった。

ただひとつ気になっていることがあった。それはアメリカにおけるアストロバイオロジーの隆盛ぶりと日本におけるアストロバイオロジーの貧弱ぶりの差だった。ボクの中ではその理由ははっきりしていた。アメリカのアストロバイオロジーのプロデューサーはNASAであり、研究資金と方向性の策定、そして一般社会の興味喚起の原動力となっているのに対して、日本の宇宙研究の親玉であるJAXAはアストロバイオロジーに対してあまりにひどい塩対応ぶりだったのだ。日本にアストロバイオロジーを深く根づかせるためには、とにかく「JAXAをどげんかせんといかん」と、ボクは東国原元宮崎県知事風に、ずっと連呼していたのだった。

そこに現れたのが矢野さんだった。ボクにとってコレは、ある意味千載一遇のチャンスでもあった。なので、逃走経路は確保しながらも、もうすこし深入りする気になった。

矢野さんはさらに続けた。「実は、NASAのプロジェクトとしてエンケラドゥス地球外生命探査が計画されていて、もしみなさんが本気でやる気があるのなら日本としてそれに参加する意思があるということを早急に返事をしないといけないのです。だからまずはそれをお聞きしたいのです」

「国際協力なら話は簡単だ。だったら即オーケーしましょう」とみんな。

矢野さん「それはそれで問題があるのです。国際共同研究なら日本独自の貢献を示した上で参加表明をしないと、単なる研究費のワリカン要員になってしまってまったく意味がないんです」

高野君「その場分析とかリターンサンプルの分析とか、科学的な部分での貢献ではダメなんですか?」

矢野さん「もちろんそういう貢献も可能ですが、そういう、貢献する側にもメリットの大きい部分は国際競争も激しいし、計画段階での貢献としてはわかりにくいですね。そこで、これは個人的に考えたことなのですが、例えば地球外生命探査の際に問題になると予想される宇宙検疫の部分で日本が貢献できることはないでしょうか?」

その瞬間、ボクは閃いた。

「例えばリターンサンプルのカプセルって、海に落とせないんでしょうか？　映画ではアポロの宇宙飛行士の帰還用カプセルって海に落としてませんでしたっけ？」

ボクの質問で高野君もボクの言いたいことがわかったようだった。

つまりボクらは「リターンサンプルを海に落として、その回収をＪＡＭＳＴＥＣの研究調査船、しかも一番研究環境が優れている『ちきゅう』でやる。そしてそのままちきゅう船上の研究施設で検疫までしてしまえば自動的にサンプルの一次解析までできてしまう雪崩式フランケンシュタイナーが可能になるんジャマイカ？」と考えたのだ。

このアイデアは結構イケルと思った。ボクや高野君のようにＪＡＭＳＴＥＣにいながらアストロバイオロジーをなんとかしたいと思っていた研究者にとって、これであればＪＡＭＳＴＥＣとして具体的な貢献がアピールできそうな対象だった。しかもＪＡＸＡとＪＡＭＳＴＥＣというこれまで海の衛星観測でしかつながりのなかった2つの研究機関を、アストロバイオロジーというキーワードが結びつけるかもしれないのだ。

その後、話は盛り上がってリターンサンプルの洋上回収と、宇宙検疫を含めた一次解析の具体的な打ち合わせにまで発展した。そしてＪＡＭＳＴＥＣとして高野君を中心に計画を作るということで話はまとまった。ボクも逃走経路は確保しながらも、企画部門や上層部との折衝を手伝うことになった。

その集まりのあとしばらくして、ボクは企画書を作るための準備として、それまでほとんど知らなかったエンケラドゥスについての研究成果について調べてみた。

エンケラドゥスはNASAの探査機である「カッシーニ」によって調査されており、宇宙空間に噴出する巨大な氷プルーム（氷柱）が存在していることまでは知っていた。しかし検索して引っかかってきたいくつかの論文をしっかり読んだとき、ボクは久しぶりに落雷を受けたかのような衝撃を受けた。

多くはまだ想像の域を出なかったけれど、エンケラドゥスの氷プルームが内部海と岩石核のあいだの海底熱水活動に支えられている可能性があること……氷プルームの化学分析が進んで、水素やメタン、硫化水素、アンモニアといった地球の深海熱水と同じような物質やエネルギー源に満ち溢れている可能性があること……多種多様な有機物が存在する可能性があること……が示されていたのだ。

中にはエンケラドゥスの惑星内部構造の想像図まで示し、エンケラドゥスにおける生命存在可能性について言及する論文まであった。

それらを読むうちにボクは燃えてきた。

「ちょっと待て、オマエら。地球の深海熱水環境をはじめとする暗黒の生命生態系の駆動原理を突き止めたのは誰だと思ってやがる。地球だろうがエンケラドゥスだろうが、深海熱水の生命に関しては誰にも負けんぞ。深海熱水がある以上、宇宙だろうがなんだろうが、そこはオレのフィールドオブドリームス。よっしゃ、やったろうやんけー！」と思い始めた。

それはまるで、ボクが最初にＪＡＭＳＴＥＣに来たとき、岸壁から見える海の美しさを見ながら「深海の研究」に対して抱いた熱い想いと同じようなものだった。

ずっと書いてきたように、ボクは青春を深海に賭けてこれまで突っ走ってきた。そう、地球の深海に。さすがにもう、恥ずかしくって「青春を」などと言えない年になってしまったけど、いままたボクの情熱を傾けることのできる、誰も見たことのない未知の深海が現れた。

しかもその深海には「生命の起源」だけではなくて、「生命とは何か」を解き明かすためのとびっきりの大ネタが隠されている可能性がある。それは単なる夢物語じゃない。やる気になれば、けっして手の届かない「距離」でも「時間」でも「お金」でもない。

たしかに実現は簡単じゃない。一見、途轍もなくハードに見える。

でもボクが研究者を目指していた20歳のころ、果たして自分が実際に深海に潜って生命の起源に近づくような研究ができるようになると想像していただろうか。ボクはただそうなりたいと必死に願っていただけだ。それに向かって一生懸命に突っ走っていたらそうなっていたんだ。

また、ボクがインド洋の研究で得られた結果を前に、微生物学だけで解明できない壁にぶち当たったとき、自分が地質学や地球化学の分野でも勝負できるほど多分野に精通し、生命の起源に対して真正面から研究を展開することができるなんて想像していただろうか。ボクはとにかくやりたいとジタバタ、ドタバタ暴れていただけだ。それに向かって一生懸命動いていたら自然と多くの仲間が集まってくれて、めちゃくちゃ楽しくなっていたんだ。

ボクは逃走経路として確保していた「緊急脱出用のハシゴ」を外すことにした。つまりボクの次の大きなジタバタの目標が定まったということだった。

エンケラドゥスの地球外深海を目指そう。これまでと同じように、それに向けてひたすら暴れよう。それに向かってがむしゃらに動いていたら、いつかきっとうまくいくに違いない。

ここからはまさに現在進行形の冒険譚だ。一緒にその物語を作っていこうぜ、みんな。

特別番外編

1. 「しんかい6500」、震源域に潜る
2. 地震とH_2ガスと私
3. 極限環境微生物はなぜクマムシを殺さなかったのか
4. 25歳のボクの経験した米国ジョージア州アセンスでのでんじゃらすなあばんちゅーる外伝
5. 有人潜水艇にまつわる2つのニュース

特別番外編①

「しんかい6500」、震源域に潜る

その1 ワタクシの中に「断固たる決意」ができたのです

さてここからは、本編を執筆しているあいだに起きた様々な出来事に対応してその都度綴ってきた文章にお付き合いいただければと思います。まずは、本編では触れられなかった、東北地方太平洋沖地震の震源域に調査潜航した際の想い、そして当日の模様について記したものを紹介したいと思います。

2011年7月30日から8月14日まで、JAMSTECの研究調査船「よこすか」と有人潜水艇「しんかい6500」は、3月11日以降我が国に甚大な被害をもたらした東北地方太平洋沖地震の震源域に、初めて調査潜航を行いました。

それまでにもＪＡＭＳＴＥＣでは、震源域である日本海溝の海底下、海底、そして海水中に、「一体どのような環境変動があったのか、そしてその生態系にどんな影響があったのか」を調べるために、「海洋への放射性物質の拡散モニタリング」調査と並行して、海上の調査船で可能な限りの海底下・海底物理探査、海水の化学組成・微生物群集組成調査、海底の曳航カメラ調査を行ってきました。

そして「これはもう直接海底に潜航して調べるべし」というところまで調査が進み、いろんな条件がある中で唯一利用可能だったしんかい６５００を投入！　となったのです。

個人的にワタクシは「地震が海底下や深海の微生物の生態系の成り立ちや

しんかい6500潜航調査が終了した直後のワタクシ。服を脱ぐ間も惜しいほどのニコチン禁断症状が観察されております（撮影：海洋研究開発機構 野牧秀隆博士）

その働きに及ぼす影響」にずっと興味を持っていました。地震という地球の活動は、長期にわたる地球の環境変動や生物の活動の歴史に、破壊と新たな創造という両面で少なからず影響を与えていたと考えられるのですが、その決定的証拠は未だ見つかっていません。

「何かそういう決定的証拠を見つけることはできないだろうか」

しかし、地震が発生する場所や、その影響が強く表れる場所というのは、海底やさらに海底下深く数kmから数十kmの場所であり、なかなかヒトが直接的に調査・研究できるモノではありません。

また地震がいつ発生するかは、確率的に予想はできても予知はできません（キッパリ）。さらに、いつも同じ場所で同じ現象が起きているというモノでもありません。つまり「地震が海底下や深海の微生物の生態系の成り立ちやその働きに及ぼす影響」は、地震が起きたあとの調査・研究でのみアプローチできる対象と言えます。

ワタクシの研究における大きな興味のひとつに「海底下や深海の極限的な環境に蠢く暗黒の生態系を明らかにすること」があります。その極限的な環境のうち、最もエキサイティングな場として深海熱水を中心に研究を続けていますが、その意味では地震発生領域も同じく地球のエネルギーが発散し、生命活動を破壊・創造しうる場として捉えることができ、そこに興味を持っていたのです。

2011年3月11日、超巨大地震、東北地方太平洋沖地震が日本海溝の深海の海底下で起きました。

ワタクシが繰り返すまでもなく、この巨大地震が与えた被害の大きさや影響は国家あるいは社会としてかつてないモノでした。震源から何百kmも離れた横須賀でも感じた揺れや、ライフラインの停止といった直接的な影響だけでなく、その後の原発事故への不安など、生死に関わる緊急事態に遭遇しなかったワタクシですら、人生最大とも言える大きな衝撃を受けたのですから、地震や津波の被害を受けた地域の方々の経験というのは想像を絶するものだったと思います。

1995年の阪神・淡路大震災のとき、ワタクシはアメリカのシアトルに留学中でした（「第2話　その4」を参照）。あの地震では、神戸に住んでいた姉が被災しました。幸い姉は無事でしたが、アメリカで日本の家族や知人の安否がわからずヤキモキしていたときの焦燥感や、帰国してから姉本人から聞いた「地震で人生観が変わった」という言葉は、身近な人のナマナマしい感覚として、いまも深く心に刻み込まれています。

東北地方太平洋沖地震直後は訳もわからずパニックハイでしたが、そのあとは1週間ぐらい、まるで何も手につかない状態でした。「この国はどうなるんだろう」と強烈な不安と落ち込みに襲われ、「こんな状況で研究なんてバカらしくてやってられるか」とも思いました。

しかし時間が経つにつれ、落ち込みつつも「いま、日本海溝の海底や深海はどうなっているんだろうか？　もしかしてアンナことやコンナことになっているんじゃないだろうか？」という科学的な想像や研究イメージ、そして妄想が徐々に湧いてきました。

もちろん「この非常時に……オマエ、アホけ？」と言われたら返す言葉もない、とは思っていました。

ただ、純粋に科学者の観点から東北地方太平洋沖地震を捉えた場合、あの超巨大地震は、1000年に1度の自然現象であり、その影響というのも近代科学が誕生してから調査されたことがない空前のスケールであることは想像に難くありません。この現象を明らかにすることは「科学の義務」と言えるのではないだろうかと、フツフツと思い始めたのです。

ワタクシを含めたＪＡＭＳＴＥＣの研究者は、日本を代表する地球と海洋の最先端研究機関のプロフェッショナルです。日本が経験した超巨大地震の全貌を「我々ＪＡＭＳＴＥＣが明らかにしないで誰がするんだ」と思っていたのです。「科学の義務」や「研究者の大義」というような書き方をしましたが、もちろんあくまでワタクシが勝手にそう思ったことです。ＪＡＭＳＴＥＣに限らず、大学や公的研究機関で働く科学者の中にも違う考えを持つ人も多いでしょう。科学は、何よりもまず「人と社会のために為されるべき」、つまり「健康や安全」、「被害の拡散防止や低減」、「生活や産業や経済の復興」あるいは「人と社会の安寧のための正しい情報提供」といったもののためにあるべきであると。

まったくその通りだと思います。国の財政から研究資金を支援され研究を行っている以上、人と社会のために何ができるかを第一義に考えることは当然のことです。

都合がいいように聞こえるかもしれませんが、そのような観点から考えても、「プロの科学者」としてワタクシの研究やその成果や技術が「人と社会のために為されるべき」ことは、「1000年に1度の自然現象を多面的な地球――生命のつながりとして自分にしかできないやり方で解き明かすこと」しかないと思ったのです。

もちろん科学の義務や研究者の大義というような、いくぶん取り澄ました考え方だけではなく、もっと個人的な思いとして、ただ単純に「超巨大地震が暗黒の生態系に与えた影響」に興味があったことは否定しません。それを知りたいという思いは、日に日に大きくなっていきました。

ノーテンキに見えるワタクシでも「生きていることが苦しい」と思った時期があります。目の前にある現実の世界で苦しむワタクシのココロを何度も救ってくれたのが、人智を超えた数学の論理的美しさ、宇宙や地球の時空間的壮大さ、生命の営みの不思議さなどの一端に触れている時間であり、そしてそれらに潜む謎に挑む人間の情熱にシンクロしている時間だったのです。

「本当に苦しいときこそ、現実を超越したナニモノカにココロを救われる」。それはある意味「信仰」にもつながる真実だと思います。アニメの「フランダースの犬」のネロにとって、それはルーベンスの「キリスト昇架」だったのではないでしょうか。地震直後の不安と落ち込みで苦しんでいたワタクシの場合、それが「地震を通じた地球と生命の営みに思いを馳せること」だったのかもしれません。

しかしそれでも「日本海溝の深海の調査がしたいです」と力強く主張するのは

ためらわれました。

そんなとき、仙台で地震に遭遇されたSF作家、瀬名秀明さんのメッセージを読みました。

丸善&ジュンク堂書店の公式サイトで連載されていた（現在は掲載終了）「文系人間のための〈科学本棚〉　第12回目　前編　仙台から。」の中の文章でした。

「東日本大震災の被害をニュース映像で目の当たりにして、いま多くの科学者は感ずるところがあるでしょう。科学に従事しながら人の命さえ救えないのだとおのれを苛むこともあるでしょう。まずはいまの気持ちを忘れずにいてほしいと願います。その上であえていわせて下さい。震災を目の当たりにしたからこそ、本当の科学者である皆様にできることは、今後もおのれの研究を続け、深めることなのだと。

どんなに大きな災害に直面しようが、これからも大自然の現象に「面白い」と言い切れる覚悟を持って下さい。それが自然科学者の業であるはずです。誰よりも面白がって下さい。それが自然科学者として生きて死ぬことなのです。科学者というのは、そうやって生きていいよと社会から認知された幸福な人々なのです。その幸せを存分に享受して下さい。地震に限らず、すべての自然科学者にそういいたい。そのかわり中途半端な面白がりようでは承知しません。どうか今後は身が切れるくらいとことんまで面白がって、これからもにっこり笑って私たちに語って下さい。そして私たちを面白がらせて下さい。

心からの、お願いです。」

ワタクシは震えました。覚悟は決まりました。ワタクシの中に「断固たる決意」ができたのです。とことん、超巨大地震が暗黒の生態系に与えた影響をおもしろがってやろうと。

人材やハード面で、JAMSTEC、いや、日本が持つありとあらゆる科学技術や研究能力を結集して、超巨大地震の全貌を調査・研究すべきだと主張することに、まったくためらいがなくなりました。

おそらく多くの研究者たちも、ワタクシと同じような葛藤に苦しみながらも、それをおのおのが乗り越え、自分なりの結論に辿り着いたに違いないと思います。

そしてJAMSTECを中心に日本中の研究者と協力して、今回の地震によって日本海溝の海底下、海底、そして海水中にもたらされた環境変動と生態系への影響を調査・研究する計画が始まりました。

そして、しんかい６５００を使った調査を含めた研究によって、次のようなことがわかりました。

・地震発生後５ヶ月間、日本海溝の極めて広い範囲の海底で地滑り（堆積物の乱泥流）のような現象が頻発し、それによる海水の濁りが発生している。

・またその乱泥流によって、津波を引き起こした場所である日本海溝の谷底付近の海水には、堆積物に封じ込められていたと思われる化学物質が供給されている。加えて、日本海溝の陸側の浅い海底では、乱泥流による物質拡散だけでなく、海底下深部由来の物質がもたらされている。

・これらの化学物質の拡散パターンから、東北地方太平洋沖地震による海底・地殻変動による海底下の水やガスの組成や移動を予想できる。

・化学物質の変動が最も激しかった地震発生から１ヶ月のあいだに、海底近くの海水では普段の深海では見られないような微生物の個体数の増加や、ある特定の微生物の出現といった変化が起きている。そしてその変化は、３ヶ月後には収束している。

これらの結果は、東北地方太平洋沖地震による海底・地殻変動による深海環境の変化に対応して微生物生態系が速やかに反応していることを示しており、世界で初めて地震による深海微生物生態系への影響を捉えることができたと言えます。つまり、深海生態系は1000年に1度の未曽有の変動に対して、速やかに応答し、そしてしなやかに再生（復興）していたのです。

この本では、暗黒の深海や海底に挑むワタクシ高井研の成長や葛藤、情熱といったココロの内面を「やや内側にえぐりこむように打つべし」というのをテーマにしている（と勝手に思っている）ので、さらに詳しい調査の結果はJAMSTECのホームページの公式発表をごらんいただくとして、ここでは、「地震直後の深海へ潜航する研究者」の心のヒダヒダにフォーカスしたいと思います。

端的に言うと「ちょっとビビッていた」その２

時は２０１１年８月５日。

未だ余震の続く東北地方太平洋沖地震の最大海底変動域である日本海溝水深３６００ｍの海底へ、しんかい６５００が赴く第１２５７回潜航の当日。潜航するのはパイロット「頼れる」チバさん、コパイロット「アフロ」イシカワさん、そしてワタクシの３人。これは、決して公に語られることがない、潜航の裏側にある真実の物語なのだ……。

しんかい６５００による東北地方太平洋沖地震後の日本海溝潜航調査は、５日目を迎えていた。最初の３日間は、すでに深海曳航カメラで安全が確認されていた日本海溝三陸沖水深５３００ｍの通称「しょこたんサイト」で調査が行われた。

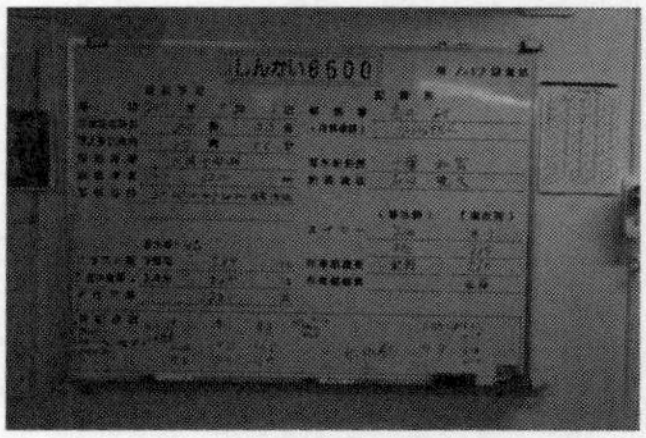

しんかい6500第1257回潜航の掲示板。船内に持ち込むデジタルカメラの1枚目はこの写真になるのだ（提供：高井研）

しょこたんサイトって何それ？　と訝るヒトも多いかもしれない。しょこたんサイトというのは、２００９年8月25日にタレントのしょこたん＝中川翔子さんがテレビ番組収録のためにしんかい６５００で潜航した、オタク情緒溢れる場所として知られている。

そこは日本海溝の陸側斜面に当たり、海底下から硫化水素がシズシズと漏れ出ずる「冷湧水域」と呼ばれる場である。海底下の断層に沿ってゆっくりと上昇してきたメタンを含んだ汁と、海水中の硫酸イオンとが、微生物の働きによって消費され、代わりに硫化水素を生み出しているのだ。

ちょっと下品な喩えなので口に出すのも憚られるけれども、国境・人種・社会的地位を超越した全人類が共感できるはずなので、あえて言おう。開放感と躍動感に溢れる力強い男性的な放屁を思い起こさせる「深海熱水噴出」に対し、「冷湧水域」は日本女性の奥ゆかしさを体現する「なでしこすかし屁」と喩えることができるのだ。

放屁が生きる人間にとってごくごく普通の生理現象であるように、深海熱水噴出や冷湧水も、生きている地球にとって比較的恒常的な生理現象と言えよう。

そのような冷湧水域は、日本海溝の陸側斜面にゴロゴロ存在しており、そこでは硫化水素をエネルギー源とするシロウリガイなどの化学合成生物群集がコロニーを形成している。それゆえ、研究者同士の会話でも「あの日本海溝シロウリガイコロニーサイトね」と言っても、一体どれがどれだか、簡単には区別がつかないということが多々起きる。

そんなわけで、日本海溝三陸沖水深5300mにあるシロウリガイコロニー域は、ずいぶん前に発見され研究が行われていたのだけれども、しょこたんが潜った場所ということで、「しょこたんサイト」と呼ばれているのだ。似たような変わったネーミングの例として、沖縄鳩間海丘熱水域に「ちゅらさんサイト」というのもある。こちらは実際にちゅらさん＝国仲涼子さんが潜ったというわけではないが、俳優の故・緒形拳さんが撮影で潜った場所でもある。

さて、しょこたんサイトは、東北地方太平洋沖地震の震源地に2番目に近いシロウリガイコロニー域であり、2009年に潜航したときの海底の様子が記録・保存されているので、地震後、海底にどのような変化が起きたかを比較・検討しやすい場所であった。それがこの地点が調査候補になった理由だった。ちなみに震源に最も近いシロウリガイコロニー域は、今回の研究調査では安全が確保できないことを理由に「潜航厳禁地域」になっていた。

しょこたんサイトでの3回の潜航調査では、しょこたんが2009年に潜ったときには何もなかった海底に、大きな亀裂や微生物マット（微生物が多量に繁殖してマット状になったところ）が見つかった。また、しょこたんが潜ったときにはイソギンチャクの仲間が多く見られたが、今回は「キャラウシナマコ」というクチをビヨーンと伸ばして泥をムシャムシャ喰うナマコの巣窟となっているのが確認された。

この地点では地震後の海底環境や生態系の明らかな変化を捉えることができた。ただし、ここは震源地からは水平距離で160㎞ほど離れていた。つまり「最大海底変動域」ではなかった。

そして、東北地方太平洋沖地震の最大海底変動域への潜航が、調査5日目となるこの日、まさしく行われようとしていたのだった。

潜航調査の対象は、日本海溝の陸側斜面の海底下にしばしば観察される巨大な正断層の直上にある海底である。東北地方太平洋沖地震ではこの断層が大きく動いた可能性も指摘されていた（結局その説は否定された）、きな臭い場所である。事前の深海曳航カメラ観察では、そこにフレッシュに見える微生物マットが広がっていた。

この微生物マットは、地震による地殻変動で思わず漏れてしまった「海底下汁」に含まれていたであろうメタン、さらにもしかすると水素、によって急遽海底に出現した「地震微生物生態系」の一部と予想されたのだ。つまり普段ならすかすことができていた放屁が、超巨大地震という「人生上最も危険な破局的モヨオシ（ビッグウェーブ）」により、すかすどころか、禁断の……という状況になったと想像していただきたい。

そういう下ネタ、いやもとい「地震汁や地震微生物生態系」が調査対象ならボクの出番だ。いつものしんかい６５００の潜航調査と同じように、いくぶん緊張した朝を迎え、ボクは潜航準備に取りかかった。

実のところ、この調査航海が始まる前からボクにはしんかい６５００で潜航したいような、したくないような微

しんかい6500に乗り込む直前のワタクシ。このときにはもうビビッておりません。下降気味のお腹の調子が心配でした……（撮影：海洋研究開発機構 野牧秀隆博士）

妙な気持ちがあった。

1973年に出版された小松左京さん（この航海の直前、2011年7月26日に他界された）の『日本沈没』というSF小説がある。

ボクは原作を読んでいないのだけれど、子どものころにテレビドラマ（1974年放送）の再放送を見ており、「地割れ」に尋常ならざる恐怖心を抱いたのをいまでも覚えている。そのせいで「地震＝地割れパックリ→ヒト落ちる→地割れ閉まる」という方程式が頭に刻み込まれてしまったぐらいだ。

『日本沈没』は2006年にもリメイク版の映画が製作されたが、この作品にはJAMSTECが全面協力した。「わだつみ6500」と名を変えたしんかい6500やご本名で「ちきゅう」が登場し、JAMSTEC本部のしんかい整備場では草彅剛さんが出演するシーンが収録されたりした。

そんな縁もあって、普段は滅多に日本のSF映画を見ないのだけれども、この映画はDVDで見たことがあった。ラストシーンで、わだつみ6500は日本海溝に潜航中に激しい地震に遭遇し、巨大な乱泥流に巻き込まれ、あわれ日本海溝の藻屑と消えてゆく……。

こんなシーン、「想像するな」って言われても、想像しますわな。まさしく余震が頻発する日本海溝にわだつみ６５００で、いやしんかい６５００で、潜航調査するわけですから。安全性の確認を十分行うとはいえ、映画と同じ運命を辿る可能性はゼロではないのです。

しかし、１００％安全なところに潜航しても、調査の目的は達成できないわけで……。

潜る以上は「なるたけリスキーな調査地点！　バッチこーい！」なわけで……。

端的に言うとボクは「ちょっとビビッていた」。

まあ、ビビりと言っても寝る前にちょっと思い出して最悪の場面を想像するくらいで、冷や汗をかくというほどのものではなかったけれど。むしろ、前夜から微妙に下り坂気味のお腹の調子のほうが、ボクにとってははるかに喫緊の問題だった。

「じゃあ、タカイさん、行きましょうか」。頼れるパイロットチバさんのかけ声とともに、ボクはしんかい６５００の耐圧殻に乗り込んだ。

その3 震源の海底で、地震に遭う

しんかい６５００のコックピットでは、この本の第1話で詳述したような潜航準備作業が着々と進んでいった。今回の研究調査に際して、ボクがちょっとビビッていたように、しんかい６５００の運航チームのメンバーのあいだでも、映画『日本沈没』のラストシーンのような状況を想像し、かなり真剣な議論が交わされていたらしい。そして、やや昭和風味の人情・仁義志向の強い陸上勤務のＪＡＭＳＴＥＣの男衆たちは、ボクたちのことを「悲壮な決意のもとに集まった技術者たち」とまつり上げつつあった。

しかし、しんかい６５００に乗り込んだ当のボクたちには、そんな地震後の海底に挑む気負いや悲壮感はまったくなかった。いつものように準備し、いつものように潜航調査を行うという感じだった。テンパリ具合は第1話で書いたインド洋熱水発見のほうがずっと上だった。

しんかい６５００が、チャプンと海水に浸かる。ボクは観察窓にへばりついて大好きな海の色彩を楽しむ。日本海溝の海水は、インド洋や太平洋のど真ん中の海に比べると明らかに濁っている。これは、海が汚いというのではなく光合成によるプランクトンの活動が活発な証拠なのだ。「プランクトン多めにしておきマシタ」という「のだめ」(マンガ『のだめカンタービレ』の主人公、野田恵の愛称)の名セリフがぴったりだ。

「潜航を開始する」の連絡とともにしんかい6500は沈み始める。水深20mまでは、塊になった粒が肉眼で見えるほどプランクトンが増殖していた。日本海溝域でプランクトンの大増殖が起きるのは3〜6月の春期のはず。8月になってまでこんな大増殖が見られるのは、やはり地震や津波によって沿岸から栄養塩が供給されたことによるのだろうか? 残念ながら専門家ではないので答えはわからない。ボクは初めて見る光景だった。

今日の潜航は水深3600mの海底である。片道1時間半の潜航は長い。潜航前にすこしだけ飲んだ酔い止めクスリの影響もあって、いつの間にかボクはスヤスヤと眠りに落ちていた。ふと目を覚ますと、チバさんやイシカワさんも時折ウトウトしているようだ。みんな特に緊張しているわけではない。

海底近くになって下降用の重りを捨て、ゆっくり海底に降りてゆく。普通なら残り10mぐらいのところで見えてくる海底が今日はなかなか見えない。残り2mくらいまで近づいて、ようやく海底がクッキリ見えた。つまりそれだけ海底付近の海水が濁っているのだ。

「こりゃ今日の潜航は大変だ」

ボクはいきなり憂鬱になった。海底の濁りが強いと有人潜水の楽しさや調査効率は激減する。観察窓からはわずか数m先の海底しか見えないので、目標の微生物マットや断崖を見つけるのがとても困難になるのだ。

案の定、微生物マット探しは難航した。潜航前には、海底下の断層に沿って直線状にズラーッと微生物マットが広がっていると予想していたのに、思ったよりも広がりが乏しい。断層から漏れ出ずる「地震汁」なんてないんじゃないのか？強い不安がよぎる。

ようやく、それなりの規模の微生物マットを見つけて、その試料採取に取りかかろうとした矢先、船上からの指令が飛び込んできた。

「現在、潜航地点近くで地震発生。次の指示があるまで高度40mまで浮上待機」

どうやら安全基準に引っかかりそうな地震があったらしい。「ありゃー、せっかく着底したのに。この浮上で、もう元の位置には戻れませんよ」とパイロットのチバさん。しかし実際のところ、船上から指令が入ったときにはすでに地震が起きたあとなわけで、何かあったとしても海底のボクらにとってあとのまつりである。しかし、このときはまったくなんの変化も感じなかった。

でも、不思議なことに、このハプニングを境にして、ちょっとメランコリックな気分だったボクは楽しくなってきた。チバさんもイシカワさんもワクワクしている感じだった。「深海で地震に遭遇するなんてなかなかない機会ですからね。こりゃ良い経験だわ。よっしゃ、この空白の時間に昼飯食おう」。ボクはお弁当のおにぎりをほおばった。

調査時間が限られているのに視界が悪くて微生物マットが見つからないという状況に、自分でも気がつかないうちにすこしナーバスになっていたようだ。だが、これで調査打ち止めとなるかもしれないハプニングに際して、ボクらは自分たちがいつもの海底とは違う地震多発地域に潜航していることを思い出したのだ。「そうだ、何があってもおかしくない海底にいるんだから、この潜航調査がうまくいかなくても仕方ない」。普段よく潜航調査をしている深海熱水活動域と違って、ものすごく静謐なこの海底からは、地球の息遣いを感じることがなかった。それが、強い違和感となって、ボクらのもどかしさを増幅していたんだと思う。

船上からの地震発生の連絡を受けたことで、深海底で〝生きている地球〟の息遣いを再認識することができた。そしてボクは安堵した。その感覚はもしかすると、誰にも共感してもらえないヘンなものかもしれない。ボクのちょっと変わった生命観のせいかもしれない。

生命は「エネルギーの渦潮」がないと生きていけないのだ。エネルギーの渦潮を感じられない「永遠の虚無」こそが、生命にとっての最も恐るべきモノなんじゃないかと思う。

暗黒の深海底で、熱水にしろ地震にしろ、生きている地球の息遣いを感じて安堵するなんて、まるで地球のエネルギーによって生命の営みを紡いでいた原始的な生命たちみたいじゃないか。もしかすると、しんかい6500に乗って深海を探査するボクの深層意識は「暗黒の生態系の生命」に完全に同調しているのかもしれない。

そんなヘンなことを考えているうちに、船上から「地震は範囲外だったようなので、調査を続けてヨシ」という指令が来た。

「じゃあ、ゆるりと行きますか、チバさん、イシカワさん。カッカッカ！」と水戸黄門のようなセリフをひとつ吐く余裕ができた。そして、ボクたちは海底に戻っていった。

その後すぐに、お目当ての大きな微生物マットを見つけることができた。そして、試料採取のために着底しようとした瞬間、再び船上から「潜航地点近くで地震発生。次の指示があるまで漂流状態キープ」という珍指令が来た。

どうやら今度は船上の管制も考えたようで「いつでも浮上できるようにしながらも、調査が続行できる微妙な態勢をとれ」ということらしい。今度は笑いながら、「何か起きませんかねー、ワクワク」とボクらは窓の外を観察していた。チバさんは漂流しながらも、ちゃっかり潜水艇を操縦し、ベストポジションに誘導している。

そしてすぐに漂流待機指令は解除された。

海底を覆っていた濁りがいつの間にか晴れ、まるで呪縛から解き放たれたかのようにそれからの調査・作業はうまくいった。そしてよく目を凝らして海底を観察すると、水深３６００ｍの海底とは思えないほどの多様な生物がそこにいることに気がついた。

微生物マットが点在する海底の周りには、ユムシのような動物が泥の上を這いずり回っていた。昔の西部劇映画で砂漠をころころ転がっていた「コロコロ草」（ニックネーム）のようなイソギンチャクやブックブクにメタボ肥大化したナマコ、泥の上に立つキャラウシナマコやセンジュナマコ。這いずり跡をいっぱい残す巻貝や小さな二枚貝。そして、悠然と泳ぐ丸々と太った錦鯉（ニックネーム）や超高速でしんかい6500に喧嘩を吹っかける元気よすぎる雷魚（ニックネーム）。

水深3600mという、栄養の乏しい深海では普段目にすることのない生物に満ち溢れた世界がそこには広がっていた。科学的な結論を出すのは早いけれども、その場で観察したボクには、深海の生態系は暗黒の世界に訪れた「生の息吹」を謳歌しているとしか思えなかった。そしてその息吹をもたらしたモノ、それが、超巨大地震だったと思えるのだ。

7時間半の潜航が終わり、ボクは船上に戻ってきた。潜航終了後はやるべき仕事が満載だったので、潜航についてじっくり振り返る余裕はなかった。

しかし、しばらく経ってから振り返ったとき、今回の潜航はボクにとってとても貴重な経験だったと感じた。潜航する前、すこし不安に思っていた深海底での地震との遭遇。実際しんかい6500の中にいたボクらには、その揺れや海底の変化はまるで感じられなかった。でも地震との遭遇は、暗黒の深海底の生命の営みの本質が、地球の活動と強く結びついているという感覚を強烈に呼び覚ましてくれた。

科学的な現象としての地震による「生態系の破壊と創造」は、今回の潜航をはじめとする調査研究での観察、得られた試料やデータの解析と解釈から、近い将来、それを明確に示すことができるだろう。

ボクの深海底での奇妙な体験は、地震や深海熱水という現象が「活動する地球の吐息」のようなものであることを再び強く感じさせてくれた。そしてなぜかわからないけれど、地球が内包する巨大なエネルギーが、「破壊と創造」という二面性を有するというより、自分も含めたこの惑星のありとあらゆる命をやさしく包み込んでいるような、これまでにない感覚を与えてくれた。

おそらくそれは、余震さめやらぬあの東北地方太平洋沖地震の震源域の海底で、しんかい6500のチタン一枚隔てた「ナマナマしい現場」にボクがいられたからこそ感じることができた感覚だったかもしれない。

特別番外編②

地震とH_2ガスと私

「ちきゅう」に紛れ込んだワタクシ　その1

つづいては、しんかい6500での調査潜航から8ヶ月後に、今度は「ちきゅう」に乗り込み調査へ向かったときの様子をお伝えします。今回の文章はまさに乗船中、海の上で綴ったのでした。

＊　＊　＊

読者のみなさまへ

2012年4月×日、現在ワタクシは「巨大屋形船」とも言われる地球深部探査船、ちきゅうに乗り込み、統合国際深海掘削計画（IODP）第343次研究航海「東北地方太平洋沖地震調査掘削」（漢字だらけの水泳大会、もとい正式名称ですみません）の特殊工作員として活動しています。

この掘削調査航海の全貌は、JAMSTECのホームページでご覧になれます。興味のある方はぜひ覗いてみて下さい。

▶http://www.jamstec.go.jp/chikyu/exp343/j/index.html

また「Webナショジオ」のサイトでも、ついに「ちきゅう」つぶやき編集長による掘削調査航海の現場レポ企画が始まったようですね（「深海7000メートル！　東日本大震災の震源断層掘削をミタ！」）。第53次南極観測隊員、渡辺佑基さんと田邊優貴子さんによる「南極なう！」のように臨場感と透明感に溢れるレポートと勘違いして、みなさんがうっかりクリックすることを大いに期待しています（笑）。

今回の航海の研究目的を要約すると、前回の「しんかい6500、震源域に潜る」でも触れたように、「2011年3月11日に起きた東北地方太平洋沖地震がどのようにして起きたのかを明らかにすること」に尽きます。

もちろん東北地方太平洋沖地震が起きてからこれまで、日本はもとより世界中の研究者が、多くの調査や解析を通じて、どのようにしてあの地震が起きたのかを明らかにしようとしてきました。しかし、地震の全貌を一気に理解することは現在の科学技術をもってしてもとても難しく、すこしずつ前進するしかありません。

それでもできるだけ速やかに、かつ継続的に最大限の努力を続けて行く必要があります。そのひとつの前進が今回の掘削調査研究なのです。

一般的に、あの甚大な被害をもたらした東北地方太平洋沖地震は「1000年に1度と言われるその規模（モーメントマグニチュード9）」に焦点が当てられることが多いようです。しかし地震のマグニチュードというのは奥が深くて、厳密に区別するとなんと40種類以上あるらしいです。だからシロートのワタクシ、あまり深入りはしませ

掘削調査航海に出航する前の地球深部探査船ちきゅう（提供：JAMSTEC／IODP）

んです。

しかし東北地方太平洋沖地震の被害の大きさと特異性のポイントは、マグニチュード9という発生エネルギーの大きさではなく、地震によって極めて短い時間に地殻（東北地方や北海道が根ざしている板のようなモノ＝北米プレート）が動いた量（水平・鉛直方向の距離の掛け算）が尋常ではなかった点にあることがわかってきました。

巨大な地震を発生させることの多い海溝型地震は、沈み込む海洋地殻（海側プレート）と、その沈み込むプレートに向き合って摩擦で引きずり込まれるもうひとつの大陸地殻（陸側プレート）の境界＝海溝で起こります（用語は必ずしも厳密ではありません）。摩擦によって引きずり込まれる力に対して、陸側プレートが元に戻ろうとする力が上回ったとき、陸側プレートが刹那的に大きく跳ね返ることによって地震が起きます。

シロートのワタクシの説明なので、科学的な厳密さは怪しい限りですが、陸側プレートが跳ね返る刹那の、言わば「銃による弾丸発射における撃鉄と雷管」のエネルギー量がマグニチュードだと

ちきゅう船上にそびえる掘削やぐら「デリック」
（提供：JAMSTEC）

して、地震によって陸側プレートが動いた実際の量——「弾丸が飛ぶ距離」と言っていいでしょう——は、「だいたい比例するけれども、銃によって大きく変わる」というところが重要です。

もしかすると余計にややこしい説明だったかもしれぬ（笑）。再チャレンジします。いろいろな岩をハンマーでぶっ叩いたとき、ぶっ叩く力（エネルギー）がすべて同じだったとしても、岩の破壊の様子はかなり違っているだろうと言ったほうがわかりやすいかもしれません。この「様子が違う」というところがポイント。

東北地方太平洋沖地震では、押し込まれていた日本海溝の陸側のプレート（＝北米プレート）全体が海のプレート（＝太平洋プレート）の上面を、水平距離で50m、鉛直方向に10m以上というものすごい勢いで滑った（滑り過ぎたとも言われています）こと、そしてその北米プレートの滑り移動量が甚大な被害をもたらした津波の発生原因となったことが実際の調査で明らかになってきました。

なぜ北米プレートが太平洋プレートの上面をそんなに派手に滑ったのか？　それは誰にもわかりません。だって、滑ったところを直接見た人はいないので。

今回の航海では、実際に滑ったプレート境界のところまで掘削してみて、本当にプレートは滑ったのか、滑った跡などの物理的証拠を探したり、さらにその現場の岩石試料を採取して滑った結果生じる化学物質を特定したり、実験によって滑りの挙動を明らかにすることを第一目標にしていました。

そんなガチガチの地震発生メカニズム解明航海に、微生物愛好家であり地震シロートのワタクシがなぜか紛れ込んでいる——その理由をこれからお話ししましょう。

その2 「生命は地震から生まれた！」仮説に挑む

「北米プレートが太平洋プレートの上面を一気に滑ったのだ」と頭の中で想像してみて下さい。プレートは基本的にでこぼこザラザラの岩石でできていますので、滑ったプレートとプレートの境界はグガガッ、ゴッゴッという音が聞こえてきそうな激しい摩擦が生じた、そんなイメージが浮かぶことでしょう。

そんなに激しく岩石がこすれたら、こすれた部分はそりゃもう火照っちゃう摩擦熱でアッチアッチになりそうです。実際そのように予想されており、今回の航海ではその摩擦による温度上昇を直接測ることを目標としていました。

摩擦による温度上昇を実測し、こすれた部分の岩石がどのような岩石だったかがわかると、地震が起きた際のプレートの滑り具合が俄然はっきりとわかるようになる——というのがこの航海が目指すところでした。

そして、摩擦によって生じるのは熱だけではありません。熱以外のモノと聞かれてすぐ思いつくのは……そう、アレです。「静電気バチバチ」です。

静電気バチバチ——古代ギリシアに現れた歴史上に記録された最初の哲学者、タレスによって紀元前600年ごろに発見されたと言われる物理現象。タレスはなけなしのお小遣いで買った「横浜銀蝿」や「なめ猫」が描かれたセルロイドでできた安っぽい下敷きを、授業中髪の毛にこすりつけることで髪の毛を逆立たせる遊びを思いついた。ふだん小難しいことばかり言うネクラなタレスが女子にキャーキャー言ってもらえる唯一の芸であったと言われている。しかし好きな女の子のスカートをめくり上げるほどのパワーを秘めていることに気づき、その至福の行為を妄想するあまり、道端の溝に落ちて笑われたと言う逸話

（『私が恋愛できない理由』民明書房刊より）

が残っている。

もしかして民明書房という有名な出版社をご存じない方もいらっしゃるかもしれませんが、そういう方はぜひググってみて下さい。それでも「よくわからない」とおっしゃる方は、完全に忘れて下さい。

ただし、摩擦によって静電気が生じる場合には、「異なる物質でできたモノをこする」ことと「こすったモノを引き離す」ことが必要となるので、北米プレートと太平洋プレート間の摩擦では、静電気の発生は期待できません。

では、摩擦で熱以外に何が生まれるのでしょうか？　実は熱とか音の発生といった物理現象以外に、水素ガスのような化学物質の発生が知られているのです。

化学物質が発生するとわかったきっかけとなったのが、１９７９年に兵庫県南部で起きた山崎断層群発地震でした。この群発地震の震源となった山崎断層で、周辺の土に含まれるガス成分を測定した研究チームがいました。東京大学理学部附属地殻化学実験施設の研究グループです。地震が起きる前に比べて、起きたあとでは土壌ガスの水素の濃度が異常に上昇していることを発見し、『Science』誌に発表しました。

その後、同じ研究グループによって、「断層運動（ほぼ地震と言ってもいい）による岩石破壊によって岩石のケイ酸結合が切断され、ケイ酸ラジカルを形成し、ラジカル反応によって水が分解されて水素ができる」という学説が提唱されました。

反応の詳細はともかく、「岩石が破壊されると、周りに存在する水から水素ができる」という現象が案外普通に起きる可能性があると知られるようになったわけです。

その後、アメリカ合衆国カリフォルニア州南部から西部にかけて約１３００kmにわたって続く巨大な断層＝サンアンドレアス断層の地下でも、断層運動によって大量の水素が発生しているという観察結果が得られました。このような地震と水素の密接な関係は、一部専門家の間では注目されつつある状況でした（通好みのネタではありましたが）。

しかし「どれぐらいの地震でどれぐらいの水素が発生するのか」という定量的な研究結果がなかったので、地震学者と呼ばれる人たちからは「ヘッ、地震水素なんて、所詮2軍だろ」的な扱いを受けていたと言っても過言ではありません。

そんな「地震水素＝２軍」説を覆したのが、ＪＡＭＳＴＥＣの廣瀬丈洋、川口慎介、鈴木勝彦の三氏による男汁溢れる研究だったのです（ちなみに廣瀬丈洋はとても爽やかです。あとの2人が男汁をほとばしらせているに過ぎません）。そして廣瀬丈洋によってＪＡＭＳＴＥＣ高知コア研究所に組み上げられた「お家で地震を作るマシーン」を用いて、岩石破壊だけでなく、岩石滑り（摩擦）によっても大量の水素が発生することが明らかになったのです。

その研究の最も画期的な点は、地震の規模（マグニチュードや実際の滑り量）と水素の発生量の間に定量性（相関性）があることを突き止めたことです。こうして、ある規模の地震が起きたときに、その地震で発生した水素量を予想することができるようになり（逆もしかり）、「地震水素、もしかして天才？」と一躍地震水素説が脚光を浴び始めるきっかけを作ったと言えるでしょう。ズバリそうでし

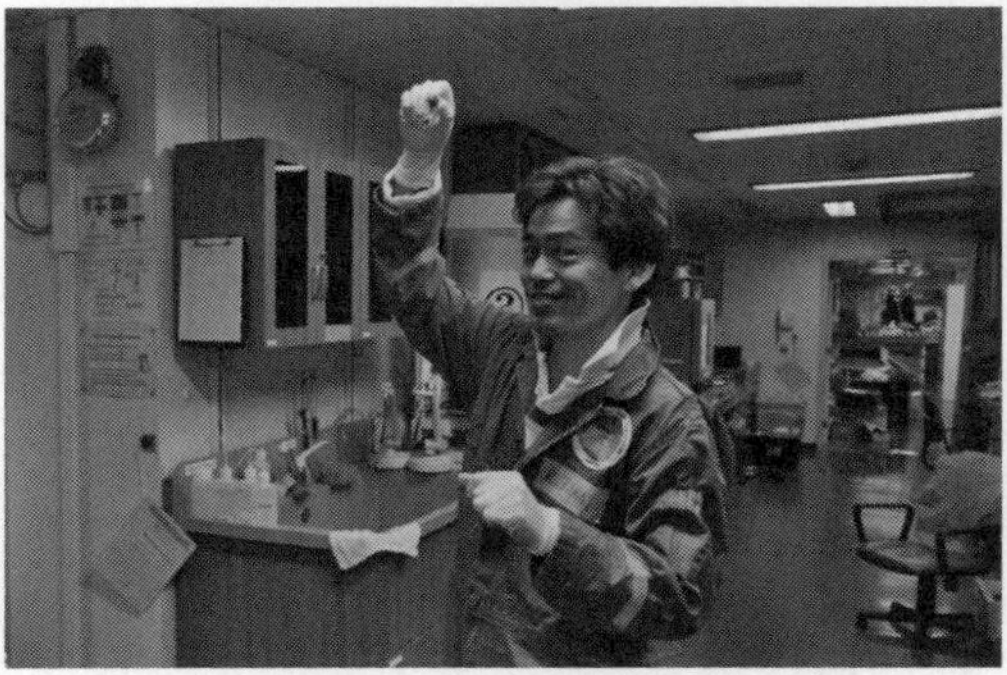

ちきゅうの微生物ラボでコアから水素を測定するシミュレーションでニヤニヤするワタクシ（提供：JAMSTEC／IODP）

よう。

そして「水素こそ暗黒生命にとって至高のエネルギー」を唱えるワタクシが、このようなおいしいネタをずっと指をくわえて傍観していたはずがあろうか。いやない（反語）。

本編最終話でも触れたように、ワタクシの研究グループのひとつの研究成果に、「約40億年前、地球最古の持続的生態系は大量の水素を含む熱水で誕生した」とする「ウルトラエッチキューブリンケージ仮説」の完成があります。例の、コマチアイトという太古の火成岩が、大量の至高のエネルギー＝水素の発生源となったことを意味する仮説です。

そのウルトラエッチキューブリンケ

船内の研究者ミーティングをたびたびサボるのを研究支援統括のノブに見つかり甲板掃除というお灸を据えられるワタクシ（という設定でミーティングにて紹介されたが、単にブラッシング萌えなワタクシ）（提供：JAMSTEC／IODP）

ージ仮説に至るストーリーや背景が描かれた力作『生命はなぜ生まれたのか――地球生物の起源の謎に迫る』（幻冬舎新書↑コレは言うまでもなく実在する出版社です。念のため）があります。

実はこの本の最後に「大量の水素は、約40億年前の地球の地震によって供給された」とする新仮説が紹介されているという驚愕の事実が！　と、息巻いてみても、たぶん著者であるワタクシ以外誰も知らないでしょう（涙）。

つまりワタクシの研究グループのウルトラエッチキューブリンケージ仮説には、〝サイズ〟エッチキューブリンケージ仮説（サイズはseismic＝地震の、の略）なる対抗馬が存在していたのです。「生命は地震から生まれた！」。東スポ的見出しをつけるとすればそうなるでしょう。その可能性をいよいよ滾

ちきゅうの櫓とワタクシ。どーん（提供：JAMSTEC／IODP）

らせることになったのが、廣瀬たちによる男汁地震水素実験の成果だったのです。
しかし、サイズエッチキューブリンケージ仮説提唱の前に立ちはだかる大きな関門として、それを証明するには現在の地球においても地震水素によって支えられた海底下深部微生物生態系（言わばサイ・スライム）がちゃんと存在していることを示さねばならない、というものがありました。

ガチガチの地震発生メカニズム解明航海に、微生物学者のワタクシがなぜか紛れ込んでいるその理由。それは、東北地方太平洋沖地震の尋常ならざるプレート滑りによって発生したに違いない超大量の水素の直接的証拠を得て、その地震水素によって活性化されたに違いない海底下深部微生物生態系（サイ・スライム）の存在を証明するというミッションを成し遂げるためだったのです。

このミッションは極秘任務でも何でもなく、正式な統合国際深海掘削計画（ＩＯＤＰ）第３４３次航海研究計画に記されている第二研究目標です。なので、ワタクシがこの任務についてここで明らかにしたからと言って、ちきゅうからつまみ出されることはありません。
しかし、34名も研究者が乗船していながらたったひとり、ワタクシだけがその任務を負っているという寂しさから、つい気合いが入りすぎて長くなっちまったぜ。ふう。というわけで、この航海の表ミッションだけでなく、そんな裏ミッションの成果もぜひ楽しみにしていただけると嬉しいです。

日本海溝の上にて　高井研

特別番外編③

極限環境微生物はなぜクマムシを殺さなかったのか

緊急激論！〝クマムシVS極限環境微生物〟その1

本編第4話には「JAMSTEC新人ポスドクびんびん物語」という、時代を感じさせるタイトルをつけてしまいました。いまの若者は、まったく訳がわからないと思いますが、若かりし日のワタクシが、「とれんでぃ」や「W浅野」なる古代語とともに黄金時代を謳歌していたころにフジテレビ系でやっていたドラマのタイトル「教師びんびん物語」をぱくったのです。

そういえば昔のテレビ番組つながりで思い出しましたが、「教師びんびん物語」のすこしあとに同じくフジテレビ系でやっていた名物番組に「料理の鉄人」という番組がありました。ワタクシ、あの番組が大好きで、特に鹿賀丈史さんがオーバーな言動で演じる司会者は、映画『麻雀放浪記』（阿佐田哲也氏の小説の映画版）のドサ健役に匹敵するぐらいハマリ役だったと思います。

あの番組では、美食アカデミー主宰者という設定の鹿賀さんが、挑戦者の対戦対手となる鉄人シェフを呼び出すのですが、その決めセリフは「蘇るがいいぃ、アイアンシェフ！」というものでした。

実は最近、このセリフが頭の中を駆け巡った出来事がありました。

それはＷｅｂナショジオの名物コーナー「『研究室』に行ってみた。」で、２０１１年12月19日から27日まで総力特集されていた堀川大樹さんの「クマムシ」の記事を読んだことです（「研究室」に行ってみた。パリ第５大学・フランス国立衛生医学研究所　堀川大樹）。
▼http://nationalgeographic.jp/nng/article/20111214/293677/
現役研究者としてはもはや満身創痍・引退寸前で、せめて「アニキ金本」（２０１２年に引退）や「ラジコン山本昌」には負けたくない、彼らよりは早く現役引退したくないと思ってやってきたワタクシですが、そんなワタクシの現在

の研究テーマのひとつに「地球生命や生命圏の限界を探る！」というものがあります。

その理論的な解明を脳内で楽しむだけでなく、実際の限界的環境のデータや世界記録保持生物を我が手中に収め、「出でよ！　怪物たちよ！」と見世物にすることによって、深海や地下深部といった地球における極限的暗黒環境を冒険・探索する「名分」にしているわけです。

そしてよく、一般向けの講演会やサイエンスカフェなどで、「ふははは、庶民どもよ、我が暗黒の微生物たちの驚くべき生命力に跪け！」などと調子に乗ってホラを吹くわけですが、質問タイムに5人に1人ぐらいの割合で（これはすこし誇張ですがホントによくおられるのです）「フン、そんなエラソーなこと言っても、地球最強の生物はクマムシなんでしょ？」とか「タカイ殿、クマムシは宇宙空間でも生きられるのですぞー」といった質問をされる方がいらっしゃるんですね。

そういう質問を受けたときに、ニンゲンの器が小さいワタクシなぞは、引きつった笑顔をヒクヒク浮かべて、「ははは、よくご存じですね～。いやー、まいった、まいった、ペシペシ。たしかにクマムシの生存能力はすごいものがありますね。でもあれは耐える能力で、ワタクシの申し上げているのは生育する（増殖する）

能力なんですね」と池上彰風に取り繕ったりします。

しかし心の中では、「へっ、なにがクマムシだよ。あんなプニュプニュのユルユル歩きなんて、相手じゃねえぜ。地球最強はアレよ、極限環境微生物よ。そらそうよ」などと嫉妬の炎が燎原《りょうげん》の火のごとくメラメラしていたりするわけで……。

そういえば、フジテレビ系の「ザ・ベストハウス１２３」という番組でも、「無敵の最強生物」というテーマで、ワタクシたちが研究している黒スケーリーフット（通称：クロスケ）という深海に生息する巻貝（第1話参照）が第3位で、第1位のクマムシに惨敗したよな～、と頭の中の消しゴムでゴシゴシ消したはずのどーでもいいメモリーが蘇ったりするわけで……。

しかし何よりも驚くのが、本当に多くの方がクマムシのことを知っているということです。これはクマムシ研究者たちやそのサポーターの不断の努力と協力によって為された研究プロモーション活動の偉大なる成果といっても過言ではないと思います。それがクマムシの持つ特異な生存能力と遍在性の魅力と相俟《あいま》ってこれだけの認知度を獲得したのでしょう。

クマムシ研究者たちの努力によって築き上げられた「クマムシ愛」は、多少の誇張も含めて「クマムシ最強生物伝説」となって一般社会にかなり浸透しています。そして、そのクマムシ界の若きイケメンカリスマ研究者として、プロモーション活動に大きな役割を果たしているのが、現在パリ第5大学およびフランス国立衛生医学研究所ユニット1001でポスドク研究員をしている堀川大樹さん、その人です。

川端裕人さんの書くWebナショジオの特集記事を読むと、くやしいことに「めっちゃおもしろいやんけー」と引き込まれることしきり。記事から派生して、堀川さんのブログ（むしブロ+）やらツイッターなどを読んでも、「クマムシ愛に溢れた極上のエンターテイメント」としか言いようがない。こういう努力があってこそのクマムシ地上最強伝説なんだと納得します。

しかし、そのブログやらツイッターやらのコメント欄に、どうもうら若い女性たちの「堀川さん素敵♥」「クマちゃん最強、きゃわうぃーねー♥」みたいなニュアンスのコメントがたくさん載っているのを見た瞬間、ワタクシの心の闇から「堀川許すまじ！　クマムシ許すまじ！」という黒い情念がゴッゴッゴッと湧き上がり、それはもはや止められるようなものではなかったのです。

そして思わず、自身のツイッターで「オラー、クマムシ表出ろやー！　Webナショジオで勝負したるワイ」とか言っちゃったんですね〜。おっさんの嫉妬って恐いですね〜。いやー、ホントに世の中で一番恐ろしいのは政治にしろ研究にしろ会社にしろ、組織の中でのおっさんの嫉妬なんですね〜。って、おっさんの嫉妬はとりあえず関係なかった。で、ワタクシのその言葉は多くの人たちに目撃されてしまったわけです。

というワケで、「緊急激論！〝クマムシVS極限環境微生物〟激突！ ドーなる!? 地上最強伝説」をお送りするはめになってしまいました。

ワタクシの専門は微生物学なので、クマムシに関してはまったくの素人です。孫子の兵法「彼を知り己を知れば百戦殆《あやう》からず」を実践しようにも、クマムシの論文を検索するにもひと苦労でした。そこで、思いっきりズルをして、敵である堀川さんにお願いして、クマムシの生存能力に関する論文を全部教えてもらいました（堀川さん本当にありがとうございます）。

そんなこんなでワタクシが作り上げた対決表がありますので、これからその対決表をじっくり解説していきましょう。

その2 「クマムシ最強生物伝説」の看板、獲ったどー!!

まあ結論から言うと、「ふっ、大人げもなく、つい微生物の本気《マジ》を見しちまったぜ」っていうところでしょうか。一応すべての点において微生物の増殖・生存能力が上回っていることがわかるように書きましたわい。

「クマムシ最強生物伝説」の看板、獲ったどー!!

とはいえ、この比較、ホントーはなかなか難しいんですね。

特にクマムシのような動物の場合は、一個体ずつちゃんと調べて、50%とか10%の個体が生存する条件とかを算出するのに対して、微生物の場合は例えば1億個の細胞の集団での生存を相対的に調べるしか方法がないので、「死なない」とか「全滅しない」というのは1億個の微生物すべてが「死ぬわけではない」とか「全滅するわけではない」という意味になります。

クマムシサポーターからは、「そんなの卑怯だー」と言われかねませんな。

それでもそのハンディを考慮しても、微生物の持つ生存能力の高さがハンパな

“クマムシVS極限環境微生物” 最強生物対決表

	クマムシ			極限環境微生物		
	育成	生身生存	乾燥状態生存 (マジカル☆樽るートくん)	増殖	生身生存	乾燥状態生存
高温	研究者が吐血するほどナイーブ	たぶん弱い（論文で情報探せなかった）	151℃で35分間後でも復活	122℃で増殖	130℃で180分間後も死なない	300℃で30分間後も死なない（胞子）（正式な報告なし）
低温	都合が悪くなるとマジカル☆樽るートくん化	-22℃で8時間後も復活 -196℃で15分間後も復活	-273℃？でも生存 -196℃で15分間後でも復活	実測-12℃でも増殖 理論値-27℃でも増殖	理論値-273℃で10^{20}億年間生存	理論値-273℃で10^{20}億年間生存
高圧	たぶん都合が悪くなるとマジカル☆樽るートくん化	たぶん弱い（論文で情報探せなかった）	75000気圧で10時間以上後も復活	1300気圧でも増殖	7000気圧で5分間後でも死なない（細胞） 20000気圧で数分間後も死なない（胞子）	限界は見えず
低圧（真空乾燥）	マジカル☆樽るートくん化	マジカル☆樽るートくん化	乾燥状態9年間後でも復活	（記入無し）	0.006気圧の成層圏で生存	限界は見えず
酸性	研究者が吐血するほどナイーブ	たぶん弱い（論文で情報探せなかった）	意味なし	pH0で増殖	<pH0でも死なない	意味なし
アルカリ性	研究者が吐血するほどナイーブ	たぶん弱い（論文で情報探せなかった）	意味なし	pH12.4で増殖	>pH12.4でも死なない	意味なし
高塩濃度	マジカル☆樽るートくん化	マジカル☆樽るートくん化	たぶん長生き（論文で情報探せなかった）	過飽和塩濃度で増殖	岩塩中で2.5億年間生存	岩塩中で2.5億年間生存
放射線（ガンマ線）	研究例なし	5kGy=5000シーベルトでも半分生き残る	4.4kGy=4400シーベルトでも半分生き残る	研究例なし	150kGy=150000シーベルトでも全滅しない	生身より強い
紫外線（254nm）	研究例なし	3000J/㎡で全滅しない	3000J/㎡以上で全滅しない	あまり研究例なし	133000J/㎡でも全滅しない	133000J/㎡以上でも全滅しない

＊ ▩は、系統的に調べられていなくて能力の限界が曖昧な項目

＊「マジカル☆樽るートくん」とあるのは、クマムシが樽型の休眠状態にあること

いことをどうしても明示しておきたかったワタクシの黒い情念が滲み出た結果でしょう。ははは。

生物は体が小さくなればなるほど(多細胞なら細胞数が少ないほど、単細胞なら細胞サイズが小さいほど、そして生体機能が単純であるほど)、生育や生存のコントロールがしやすいのは当然です。

クマムシは緩歩《かんぽ》動物という、眼みたいな器官まであるかなり高等な生物ですから、核すら存在しない原核生物と個体質量やゲノムサイズなどを補正することもなく、単純に比較するのはそもそもおかしいことだと思います。

またクマムシは分類学上、動物界の「緩歩動物門」(生物分類群のカテゴリーで、種・属・科・目・綱・門・界の順番で高次分類になる)に属する生物ですが、微生物は100近くの門からなる多様な生物集団です。そりゃ、恐ろしいほど能力が特化した種がいてもおかしくはないです。

ただし、比較対象を極限環境微生物まで含んだ微生物全体としなくても、例えば、我々人間ととてもなじみが深くて身の回りの環境のどこにでもいる微生物の一種である納豆菌に絞っても、ほとんどの項目でやはり納豆菌の能力が上回ることも事実です。実際、堀川さんも自身のブログで同じようなことを書かれていいます。また、微生物の他に、植物もかなり生存能力の高い生物であることは間違いありません。

妄信的に「クマムシ最強生物」とか言われると、何度でも「微生物の本気《マジ》を見せつけてやる」のはやぶさかではないと思ってしまうぐらい、ワタクシ、大人げないです。しかし、客観的に見て、クマムシの恐ろしいまでの生存能力は、現時点では「地上最強生物」と呼ぶに相応しいと思います。

クマムシは、周りの環境が生育に都合が悪い条件に変化すると、「樽」構造という休眠状態になるようです。生身のクマムシにも高い放射線耐性があるようですが、この「樽」状態のクマムシが恐ろしく生存能力が高いようです。思わずワタクシ、この無双モードに入った「樽」状態のクマムシを、「マジカル☆樽るートくん」(江川達也氏の漫画のタイトルのパクリ)と呼んでしまいました。

このマジカル☆樽るートくんは、151℃という乾熱(水を含まない状態の熱)で、30分間処理しても死にません。7万5000気圧という圧力にも耐えます。さらに驚くべきは、クマムシの放射線耐性や紫外線耐性が極めて高いことです。

この2年で聞きなれた言葉となったシーベルトという単位がありますが、クマムシは5000シーベルトというガンマ線被曝を受けても50%は生き残るという耐性を持っています。

微生物の研究では、放射線耐性や紫外線耐性といった耐性は、乾燥に対する耐性を獲得していった進化の過程で、副次的に得た耐性能力ではないかと考えられていますが、例えばクマムシのＤＮＡの放射線耐性や紫外線耐性機構は、微生物のメカニズムとは異なっているようです。おもしろいですね。

その生存能力に対して、生育面ではクマムシはかなりデリケートなようで、その飼育法は、夥しい数の研究者の吐血（堀川さんのブログより）の上に築き上げられたものだそうです。その姿は、いつ死に絶えるかわからない微生物培養のプレッシャーで消化器系をやられ、吐血ではなく下血する微生物学徒を見続けてきたワタクシにもリアルに想像できます。思わず笑ってしまうけれども、生物研究者に共通する哀愁的シンパシーを感じざるを得ません。

今回、この対決をきっかけにクマムシの論文を漁り始めて、堀川さんをはじめ、世界中でクマムシの研究が熱く進められていることを知りました。

いやー、おかげで勉強になりました。世の中、いろいろ無駄なちょっかいを出したり、嚙みついたりしてみるもんですね。それで新しい世界が開けることもあるということが今回の件でよくわかりました。

そしてようやく、「料理の鉄人」のあの決めセリフ、「蘇るが良い、アイアンシェフ！」に戻るんです。

先ほどの表の微生物の欄に、太字で示した項目があるのですが、どうもその項目が系統的に調べられていなくて、能力の限界が曖昧であることがわかりました。日本に限らず、世界中のクマムシ研究者たちは、意識的なのかそうでないのかわかりませんが、自分たちの研究対象であるクマムシの能力を科学的に丸裸にして、そのおもしろさをわかりやすく一般社会へ訴えようと互いに協力しているように見えます。それによって研究コミュニティー全体を活性化させようと努力しているように感じました。

ひるがえって微生物学研究者について考えてみれば、ただでさえ微生物なんて、「バク（テリア）ちゃん、アー（キア）ちゃん、キミきゃわうぃーねー」なんて言われることは金輪際期待できないわけですから、その生育能力や生存能力の鉄人ぶりをもっと科学的に追究して、その凄みを見せつけ、研究対象の価値を高めなければいけない。そう思ったのでした。そんなことを考えているうちに、鹿賀丈史さんのマネをしてこう言いたくなったのです。

「蘇るがいい、アイアンマイクローブ！　アイアンマイクローブハンター！」

特別番外編④

25歳のボクの経験した米国ジョージア州アセンスでのでんじゃらすなあばんちゅーる外伝

この回ではこれまでと少し趣向を変えて、ボクにとって忘れることのできない、1995年のある夜の出来事を綴ってみることにしましょう。

ボクは当時25歳、第2話でも書いたようにワシントン大学のジョン・バロスのもとへ留学中でした……。

＊＊＊

DNAの立体構造を解読しノベール賞を受けたジェームス・D・ワトソンが書いた瑞々しい青春小説『二重らせん』（講談社文庫）を初めて読んだのは、アメリカの片田舎の空港のロビーだった。

トランジットで待ち時間が5時間ほどあったのでページを開いたのだが、あっという間に1950年代初頭のケンブリッジで起きた世紀の科学発見物語の世界に引き込まれた。そして、ワトソンがDNA二重螺旋構造のモデルについて短い論文を『Nature』誌に送ったあと、もうオンナノコとのばか騒ぎパーティーにウツツを抜かしてもいられない25歳になったことを自覚するラストシーンで物語は終わる。

アメリカの片隅でぽつねんと飛行機を待ちながら、ワトソンの物語に没入していたその日は、ボクの25歳の誕生日だった。

『二重らせん』のラストシーンを読み終えて、激しい敗北感に打ちひしがれたのをよく覚えている。世紀の大仕事を成し遂げ、25歳の誕生日を迎えたワトソン。かたやアメリカの地でドタバタしながら未だ科学の世界でナニガシカの足跡すら残していない25歳のボク。

ノーベル賞科学者と自分を比べるなんておこがましいことかもしれない。でも、コワイもの知らずで絶賛「若気の至り」中のボクは、勝手にワトソンに敗れ、悔しさを募らせ、そしてリベンジを誓ったのだ。

そう。1994年の誕生日はボクにとって忘れられない「ワトソンに負けたね」と痛感したから12月15日は敗北記念日」だった……。

突然、ボクのアメリカでの「愛と青春の旅だち」留学中の「ほっこり」こぼれエピソードをここで紹介したことには意味がある。それは、25歳のときのボクがいかに、目に入れても痛くないくらいカワイイ「純真でまっすぐなハートを持ったジャパニーズボーイ」だったかということを再確認するためなのだ。

さらに夜の楽しいお店のオンナノコの紹介文風に言えば、「お目々クリクリの可憐なルックスと、知性を感じさせる会話をお楽しみいただける極上の天使降臨です」みたいなジャパニーズボーイだったと主張したい。もちろん、いまはヨレヨレのうす汚いオッサンのくせに何言ってやがるという正しい御批判に対しては緊急謝罪会見を開く準備はできていると申し添えておこう（笑）。

ともかく、かなり大胆に改竄《かいざん》・美化された過去の印象ではあるが、25歳当時のボクはそれなりのセックスアピールがあったと自分でも言えるのだ。そうなのだ。しかし、そのアピールがどの方向になされていたのかはまったく自覚していなかったというのが今回の主題である。

つまり、第3話ですこし触れながらスルーした「実はジョージア大学には、アメリカ留学中に国内集会で、一度訪れていたのだ。そのときボクは、人生で唯一の体験である『ノーマルじゃない男子』との夜デートというとても苦酸っぱいケーケン」についてのレポートなのだ。

ほら、いくらWeb版とはいえ、天下の『ナショナル ジオグラフィック』の看板つきの連載でそーいう下世話な展開はやや躊躇《ためら》われるじゃないですか。

それに比べて、圧倒的にサブカル寄りの腐女子風味な出版物多数を誇るこの出版社なら全然オッケー。っていうかむしろ、一見お堅い才色兼備な編集者さんに「そういうテイストが必須です。書き下ろし、シクヨロ!」とか言われちゃったし。

そんなわけでちょっと、「腐女子的BL外伝、はじめました」。


ワシントン州立ワシントン大学海洋学部のジョン・バロスの研究室に留学して、1年が経とうとしていた1995年の3月。ジョンが毎週恒例のラボ・ミーティングで、「今月下旬にジョージア大学で、オレたちのNSF(アメリカ国立科学財団=アメリカの基礎研究の研究費を助成する機関)の研究費であるExtreme Catalysis(研究費にはこのようなコードネームみたいなモノがついていることが多い)の研究集会を開くから、みんな研究成果を発表するように」と言った。

ボクは居候の留学生だったので、そういう内輪の集会は関係ないと思っていたし、話を聞いても最初「ふーん」というぐらいに思っていた。

しかし、ラボメイトたち（本編でも紹介したトム・ハンクスがちょっと煮崩れしたような顔の博士課程学生ジム・ホールデンを含む3人の修士・博士課程学生）がそれぞれ「こんなテーマで発表しまーす」とアイデアを話したあと、ジョンはボクのほうを向いて、「ケン、オマエも行きたいか？」と聞いてきた。

ボクはちょっとびっくりしたけど、「もちろん行きたい！　イクイク」と即答した。

ラボメイトたちは「ケン、よかったなー。ジョージアは陰鬱なシアトルの雨期と違って暖かくて明るいイイところだよ」と喜んでくれた。ジョンも「じゃあアピールできるようにがんばってポスターを作れよ」と言ってニヤッと笑った。

実はこの研究集会が、ボクがアメリカに来て最初の公式研究成果発表だったのだ。

それから2週間後、ボクを含めたワシントン大学海洋学部ジョン・バロス研究室の4人の学生たちは、ジョージア州はアセンスにあるジョージア大学へ向かった。

ボクたちは深夜便の飛行機に乗り、早朝アトランタ空港に到着、レンタカーを借りてアセンスへ向かって車を走らせた。

ボクはこの日のことをいまでもはっきり思い出せる。

早朝の薄暗いインターステートハイウェー85号線をドライブ中、ラジオのＤＪが連呼する「ジャパン」「テロリズム」という単語が聞こえた。ボクはそのラジオがあまり聞き取れなかったが、ジムが東京の地下鉄でテロがあって、多くの人が犠牲になったことを報道していると説明した。

１９９５年３月20日にオウム真理教が起こした地下鉄サリン事件のニュースだった。

ボクはまたかと思った。

その年の１月17日には阪神淡路大震災が起きた。そのときは日本になかなか連絡がつかず（当時まだインターネットなど普及していなかったし、Ｅメールですら一般的ではなかった）、家族の安否がわからなくてとても不安になったのだ。アメリカではテレビを持っていなかったので、もともと日本で起きた出来事を詳しく知る機会があまりなく、遠く離れたアメリカの地で日本に関するニュースを聞いても、どれぐらい大きな事件なのか全貌をつかむのが難しかった。

カーラジオから流れてくるニュースを断片的に聞く限り、東京で起きた事件なので、関西にいるぼくの家族に直接影響はないはずと思いながらも一抹の不安を消せずにいた。そもそもオウム真理教というモノが何なのかすらわからなかった。そして、事態がよくわからないが故に、年が明けてからこうして立て続けに入ってくる不吉なニュースに、ボクがいない日本は一体どうなってしまうのかと、深夜便の疲労と睡眠不足も相俟って鉛のような暗い気持ちになった。

しかし、車がアセンスの街に着くとそんなボクの沈んだ気持ちもどんどんと晴れてきた。早朝のアセンスはむせかえるような緑の街路樹と、綺麗に整備された芝生が美しい、まるで映画『風と共に去りぬ』（1939年）で描かれたアメリカ南部の風景そのものといった明るい街だった。

何よりもびっくりしたのは、3月下旬のシアトルがどんよりとした冷たい雨が続く陰鬱な気候だったことに比べて、アセンスはもうプールで泳げるような陽気で、そしてその暑さは日本を思い出すような湿気をたっぷり含んだものだった。

シアトルという街は、雨のほとんど降らない夏期は美しく風光明媚なところだけれど、1年の半分以上は雨期で、どんより曇った空としとしとと降りの雨が永遠に続くのではないかと思えるほど、陰鬱で寒々とした印象を与えるところでもあった。

だからこそ「汚れた」「薄汚い」という意味合いの「グランジ」を冠するロック音楽が生まれ、そこから派生した「薄汚い」ファッションであるグランジファッションが街を支配していたのだ。さらにボクの留学していた1990年代は、シアトルのグランジ音楽とグランジファッションのまさしく全盛期だった。

ここでグランジファッションの是非を問うつもりはない。しかしボクは、ワシントン大学を行き交う女子学生や、シアトルの街中を闊歩する若い婦人が総じてグランジファッションなのはいかがなものかと遺憾に思っていた。端的に言えば薄汚い、可愛くないのだ。まったくもって「元気はつらつぅー」じゃないのだ。

しかし1年近い留学生活で、そんなシアトルのオンナノコ風景にも、ボクはすっかり慣れてしまい、若いオンナノコは薄汚いモノなのだという刷り込みが出来上がってきていた。

ところが、である。ジョージア大学を訪れると、地下鉄サリン事件のニュースも思わず吹き飛ぶパラダイスのような光景が待っていた。大学構内の芝生には、すこぶる発育のよろしいサザン・ベル（Southern belle＝南部美人）の末裔の白人女子学生たちが、犯罪スレスレのホットパンツとパツンパツンのタンクトップのあられもない姿で、白い肌とムチムチボディを公衆の面前に大胆露出し（ハアハア）、アルゼンチンはバルデス半島の海岸を埋め尽くすミナミゾウアザラシの群のように（ハアハア）、無防備に横たわって勉強していたり、メス同士キャピキャピ絡み合ったりしていたのだった!!!

その光景は、薄汚いオンナノコしか見ていなかったボクにかつてないジャイアント・インパクトを与えた。もう原始地球から月が形成されるほどの超弩級の衝撃だった。

「興奮して鼻血がドバー」なんて、デフォルメされた漫画上の表現でしかないと思っていたボクだが、ニンゲンという生物は本当に心の奥底からムラムラすると鼻血を噴出するのだという、先人の偉大な発見を実体験したのだった。いわゆる長期お勤めを終えたアウトローと出所を待つ情婦の燃え盛る情事状態と言えよう。

そんな予想外のゾウアザラシ大興奮事件はさておき、本来の目的であるジョージア大学での研究集会でのボクはというと、まったくの論外で存在感がうすいダメダメ日本人留学生ぶりを発揮してしまっていた。

日本国内の学会ですらまだ数回の発表をしたことがあるぐらいで、圧倒的に経験が足りない。さらに英語もろくに聞き取れないし話せないボクが、意識が高くて、プレゼンテーション能力とコミュニケーション能力に長けたアメリカ人博士課程学生がわんさか集まっている専門的な研究集会でまともに戦えるはずがなかった。

研究集会も終盤になると、ボクは自分のダメっぷりに打ちひしがれ、心が折れそうになっていた。それでもわずかに残った勇気とガッツを振り絞って一生懸命、自分の研究成果をアピールし、いろんな学生たちと議論する努力は重ねていたと思う。

そんなボクのポスター発表の前に、ジョージア大学のマイケル・アダムス教授の研究室で超好熱菌の金属酵素の研究をしているというポスドク男子（ヤングアダルト）がやって来た（これ以上の情報は個人を特定できてヤバいっす）。

ボクのポスターを見に来る多くのアメリカ人学生が、社交辞令的なうすーい会話をちょっとして、風とともに去って行くのに対して、この熊のような巨漢（身長が高くてめちゃがっしりとした）ポスドクは、とても熱心に、そして楽しそうにボクの話を聞いてくれた。

ボクはこの集会に来てから初めて、しっかりとした議論ができてとても嬉しかった。それにそのポスドクは、研究集会の口頭発表の中でもピカイチだとボクが感じた素晴らしい研究をやっていて、まさに将来が約束されている優秀な男だった。話を聞くと、4月から異国の大学で准教授になることが決まっているということだった。

そういう意味では、ボクが目標とすべき若手研究者だったわけで、そんな優秀なヤツと仲良くなれたのは「グッジョブ」と言える。

こうして心の揺れ動きが激しくドタバタはしたけれど、最後にちょっと背伸びしてがんばれた研究集会は終わった。そしてシアトルに帰る前日の夜、若手だけで打ち上げ食事会が開かれ、ボクも参加した。その食事会には、仲良くなったそのポスドク男子もすこし遅れてやって来た。

食事も終わり、食後のコーヒーを飲んでいるときだった。それまで離れた場所に座っていた優秀巨漢ポスドク男子が、「ケンとすこし話がしたいから場所を代わってくれ」とか言ってボクの隣に移動して来た。ボクは自分の研究にすごく興味を持ってくれていた（風の）彼がここでもわざわざ話をしにきてくれたのが嬉しくて「わざわざ話に来てくれて嬉しいよ」ぐらいは言ったと思う。特に違和感は持っていなかった。

食事会が終わって、彼が「ケン、雰囲気のいいバーがあるからビールを飲みに行こうよ」と誘ってきたとき、ボクは風雲急を告げるナニカをすこし感じていたのかもしれない。至近距離で彼を見たとき、右耳にピアスをしていることにも気づいた。まあ、それが何を意味するのかを当時のボクはまったく知らなかったのだが。ただ、このポスドク男子がとてもやさしい眼差しをボクに向けていることは感じていた。

ジョージア大学の他の学生たちとお別れの挨拶をしているとき、ちょっと仲良くなった女子学生が「ケン、元気でね」とナニカ哀れみを含んだ視線をボクに向けたような気がした。そしてその女子学生が巨漢ポスドク男子にやや厳しい口調で何か言ったのだ。内容はわからなかったけれど。ボクの研究室のジム・ホールデンたちも、「ケン、明日は早朝出発だから、ホテルに早く帰って来いよ」とどこか心配気な口調だった。この時点で気づいてなかったのはボクだけだったようだ。

そしてボクとそのポスドク男子は（2人きりというのはそのとき知った）、夜のダウンタウンへくり出した。

ダウンタウンの学生で溢れたバーに行くと、活気があってボクは楽しくなった。

一対一の会話なら英語についていけなくもないので、話もしやすかった。でも研究生活についての真面目な会話を続けていると彼は徐々に浮かない顔をし出した。そして急に「ケン、もうそんな真面目な話はいいじゃないか。オレはもっと違う話がしたい」と言い出した。

さすがのボクも、このときにはだいたい話の流れが読めてきた。英語もおぼつかないボクみたいな日本人留学生にどうして彼がここまで執着するのか、なぜもっと早く気づかなかったのだろう。すこし勘を働かせたらある程度想像できそうなことだった。

いや、ボクはホントーは最初から気づいていたのかもしれない。ただ、研究集会でのダメダメな自分に対して感じていたどうしようもない劣等感や敗北感を払拭してくれた彼のやさしさが、自分の性的な魅力に向けられたモノではなく、自分の研究や能力に対してのモノだと捉えたいという都合の良い願望があったような気がする。それが、内なる警報をかき消していたような気が……。

これっていわゆる、能力に富んだ（仕事ができる）外見的魅力のある若い女性が社会のなかでたびたび遭遇するシチュエーションと似ているような（笑）。もちろん女性に限ったことではなくて、ボクもまさにこのときそのような事態に遭遇していたわけだが。自分の能力が評価されていると思っていたのに、実は「性的対象」として見られていたという状況ですね。

こういうことはよくあることだろう。ある意味自然なことだと思うし、悪いとも思わない。ただ、こちらが相手をそういう対象として見ていない場合「ボクのキュートさより、ボクの優秀さを見たまえ」と言いたくなるよね。ましてや、一瞬で拒絶できるあと腐れのない関係の薄い相手ならともかく、相手が自分の進むべき方向と関係するような人間や同業者、しかも尊敬できる優秀な人間や関係者で、将来何らかの関わりを持ちそうな人であるなら、なおさらそういう気持ちになると思う。

ついに彼は意を決したかのように、"I wanna seduce you."と言った(シアトルに戻ってから、のちに妻になる彼女にこの話をしたとき、彼女は「プーッ! "seduce you"なんて、イマドキそんな堅苦しい高尚な口説き文句を使う人初めて聞いたー! すごいね、ケンちゃん」とバカウケしていた)。

ボクはセデュースされて大いに混乱しながらも、「彼がゲイであったとしても別にゲイが嫌いなわけじゃないし、彼は優秀だし、ここですべての関係を拒絶する必要もないし、まあ最後の一線を許さなかったら、それなりに楽しくてイイか」と冷静に事態を飲み込み始めた。

そしてつい事態を飲み込み過ぎて、調子に乗ってしまった。まるで小悪魔（コケティッシュというヤツね）なオンナノコになったかのような気分で、「まあゲイだからと言ってボクのアナタを見る目は何も変わらないよ。でも一体ボクの何がお気に入りなの？」とか言ったたった。

彼は急にモジモジしてこう言った。「ボクはキュートでインテリジェントなボーイが好きなんだ。だからケン、キミが好きだー！」

「ｷﾀﾜｰ・*.。゜.*:..。..:*.゜(n'∀')η゜.*:..。..:*.゜。*!!!!!☆」

いや訂正。

「ｷﾃﾅｲーヽ(＋。＋)ノー!!!!!」

だから言ったでしょう。「お目々クリクリの可憐なルックスと、知性を感じさせる会話をお楽しみいただける極上の天使降臨です」と。

とまあ、優秀巨漢ポスドク男子の意を決した告白によって、もはや力関係が逆転したのだった。それからは結構、図にのって「ケンちゃん、タバコ吸いたいんだけどー、灰皿！」とか「ケンちゃん、甘いカクテルが飲みたいんだけどー。ソルティ・ドッグね！」とかワガママぶりを発揮してみた。そして彼をアクセク仕えさせるという女王様プレイに終始した。

しかし女王様プレイも気をつけないといけないのは、別れ際ですよねー。相手は最後のワンチャンスに性欲をぶつけてくるからよ（笑）。

それなりにモテモテオンナノコ気分を味わい、さんざん優秀巨漢ポスドク男子をいじったあと、ホテルまで車で送ってもらうことになった。「残念だけど、好みじゃねーし！」ときつーく言っておいたが、彼はまだウジウジと名残惜しそうにしていた。

車がホテルに着いてすこしおしゃべりをして礼を言ったあと、ボクが車を降りようとした気配を見せた瞬間、巨漢ポスドクが突然ガバーっと助手席のシートに座るボクの上に覆いかぶさってきた。

「ｷﾀﾜｰ.｡.:*･ﾟﾟ･*:.｡..｡.:*･ﾟ(n'∀')ηﾟ･*:.｡..｡.:*･ﾟﾟ･*!!!!!☆」

いや訂正。

「ｷﾃﾅｲｰヽ(+｡+)ノー!!!!!」

ちょっとだけモテモテオンナノコ気分を味わうつもりだったボクは、冷静なはずだった。覆いかぶさってきた彼をいなす言葉を探した。しかしそんな言葉はまったく出てこなかった。すっかりパニックに陥り、頭は完全に思考停止状態で、カラダはピクリとも動かなかった。

彼は「愛してるよ」とか言って、ボクの首筋にキスをした。その瞬間背筋に強烈な悪寒が走り、パニックが恐怖へと変わった。それでも依然、カラダはピクリとも動かない。彼がボクの上から退いてようやく、ボクはゆっくりと体を起こし、車を出てドアを閉めた。

決して悪い人ではなかったし、紳士的な男だった。むしろモジモジしたりしてちょっと可愛らしいと思えるほどだった。しかし、このアバンチュールの最後に味わった恐怖は、そういう理性で理解できる類いの感情ではなかった。ホテルの部屋に戻ってベッドに身を委ね、緊張が解けると、長い夜が終わったと思った。

ベッドの中で落ち着いて考えてみると、今日のようなことを自分もいままで繰り返してきたのかもしれないと思った。そんな口説かれる側のオンナノコの気持ちをまったく考えたことがなかったわけではないが、その気持ちが心底理解できたような気がした。ある意味とてもイイ経験をしたのかもしれないと、ボクはゆっくりと眠りに落ちていった。

これが「25歳のボクの経験した米国ジョージア州アセンスでのでんじゃらすなあばんちゅーる外伝」のすべてだ。どーよ。アカハラ、パワハラとセクハラの要素を含んだこのエピソードは、管理職となったボクにとってはある意味とても大切な経験だったように思う。実はこの話、まだ後日譚があったりするのだが、それはいつかまたの機会に（笑）。

特別番外編⑤

有人潜水艇にまつわる2つのニュース

その1 キャメロンの深海調査、ワタクシはこう見た

いよいよ特別番外編も最終回。この回では、深海に青春を賭けたと豪語するワタクシとすごーく関係が深く、みなさんも耳にしたことがあるかもしれないアノ話題、「有人潜水艇でGO!」を取り上げたいと思います。オチは書き進めながら考える予定です。その場のノリが炸裂して、自分でも後悔することになりそうな予感がビンビンしていて恐ろしい限りです（筆者註：実際思いっきり後悔することになりました。この番外編は！）。

2012年の3月26日、映画『タイタニック』や『アバター』で有名なジェームズ・キャメロン監督が、「ナショナル ジオグラフィック協会づきの探検家」という肩書きをひっさげて、協会とロレックスの後援のもと、世界最深の海底であるマリアナ海溝チャレンジャー海淵への有人潜水に成功したというニュースが流れました。

有人潜水艇の名前は「ディープシー・チャレンジャー号」。タツノオトシゴを模したと言われるなかなかポップなデザインが斬新なひとり乗り用の有人潜水艇です。

余談になりますがワタクシ、このディープシー・チャレンジャー号のデザインを見るたびに、なんか記憶の引き出しの奥がムズムズして、「どこかで見たナニカだ!」という強烈なデシャヴ感に囚われるのです。

この原稿を書くにあたり、覚悟を決めて数時間に及ぶ徹底的なグーグル秘匿捜査(=時間のムダ)を行った結果、そのデシャヴ感の20%を占めているであろう容疑者を割り出すことができました。

コナミのシューティングゲーム「グラディウス」シリーズに出てくるボスキャラ=モアイ風のアレ、です。あのモワーンとした3次元的な動きによって瞬殺されてイラッとした、そんな思い出が蘇る「いい歳した元ゲーマー」の方々も多いかもしれません。あのモアイ風のアレ、の動きが、水中でのディープシー・チャレンジャー号と重なって見えるのです。

モアイ風のアレ、じゃなくて「あのボスキャラはモアイそのものだろ！」もしくは「スコッティ・ピペン（NBAシカゴブルズの黄金時代を支えた顔が異常に長い名スモールフォワード）だろ！」と突っ込みたい気持ちはわかります。わかりますが、モアイ＝ピペンそのものじゃ、ダメなんです。モアイ風＝ピペン風のナニカじゃないと、もう満足できないんです。

しかし残念ながら、デシャヴ感の80％を占める容疑者については割り出せませんでした。脳内の片隅にころがっているはずのゴミ屑メモリーを呼び覚ますことは、ついにできなかったのです。そして、そのことが気になって気になって仕事が手につかないんです。「Ｙａｈｏｏ！知恵袋にでも投稿しろや！」と言われそうですが、この場を借りて最終手段である公開捜査に踏み切らせていただこうと思います。

そいつは、何かの漫画の脇役、あるいはパチンコの激アツ予告画面の脇役であるモアイ風のナニカ、のはずなんです！　ディープシー・チャレンジャー号の左右に伸びるライトの支柱部分が手になっているはずのキャラなんです。心当たりのある方はイースト・プレス編集部までご通報下さい。見事ワタクシのゴミ屑メモリーを呼び覚ましてくれた方には、ＪＡＭＳＴＥＣグッズの詰め合わせと、有り余っている拙著をお中元として贈らせていただきます。

話を元に戻すと、ジェームズ・キャメロンの「世紀の探検」は、ビデオドキュメンタリーが制作され、その一部がYouTubeで公開されています。プロレスを見るようなナマ温かい視線を忘れずに、ぜひ楽しんでみて下さい。

また『ナショジオ日本版』によれば、この挑戦は「これまで有人の潜水艇がチャレンジャー海淵に到達したのは、１９６０年に『トリエステ号』に乗った米国のドン・ウォルシュ海軍大尉とスイスの海洋学者ジャック・ピカールが海底に約20分間滞在したのみ。有人艇が世界最深の海底で科学調査を実施するのは、今回が世界初の取り組みとなります」とのこと（『ナショナル ジオグラフィック日本版』２０１２年4月号「ジェームズ・キャメロン監督が世界最深マリアナ海溝に挑む」）。うん、たしかに記事に間違いはない。

でもねー、ふふふ、ｄｉｓっちゃおうかなー。

１９６０年のジャック・ピカールとドン・ウォルシュのトリエステ号の有人潜

水は、それこそ真の冒険だったと言えます。科学的知見が一切ない超深海。事前の安全テストも不可能な未知の領域。生還が保障されないリスク。それらを克服したトリエステ号の冒険は、自らの死をも恐れない挑戦を可能にする人間の知的好奇心と情熱の勝利と言えるモノだったと思います。

で、2012年のディープシー・チャレンジ。7年の月日を費やしたプロジェクトとジェームズ・キャメロンは言っています。これだけの大がかりなプロジェクトをやり遂げる彼の行動力とその金脈、そしてなんだかんだ言っても、実際にひとりで約1万1000mの世界最深部へ潜る勇気とオレ様ぶりは賞賛に値します。これまでの科学調査用有人潜水艇とは異なる、モアイ型潜水艇の設計・製作も、新しい技術的挑戦であると評価できるかもしれません。現時点では判断ができませんが。

あと忘れてはならないのは「とても大事なことなので世の中の男どもに言っておく。地球のいかなる辺境に冒険しても、ふっ、ワイフから逃げることはできないぜ！　ドヤッ！」という、パンチの効いたアメリカンジョークです。見事としか言いようがありません。有人潜水艇の左手にはめたロレックスもシャレが効いていますね。

しかーし。

「有人艇が世界最深の海底で科学調査を実施するのは、今回が世界初の取り組みとなります」って言うけど……、7年かけてお金かけて、一発勝負で、科学調査と言えるほどのナニカをしたのだろうか。どう考えても、「はじめてのおつかい」風に往復してきただけっぽいんです。

「何をするかじゃないんだ！　ユーノー？　誰も見たことのない景色と経験を多くの人に伝える語り部が必要なんだ！　ユーノー？　ドヤッ！」って言うけど……、ワタクシたち、研究者や技術者も、アナタの知らないところで深海に潜るという体験だけでなく、新しい科学知見も交えて、社会に伝える努力をですね、ユーノー？　一生懸命重ねているわけで……。

詳細な海底地形図もあり、JAMSTECの無人潜水艇「かいこう」によって10回以上潜航調査が為され、多くの海洋調査船によって海溝流の存在や海底堆積物の様子や特性、生物相の調査が行われ……というように、ディープシー・チャレンジは、トリエステ号の冒険と違って、これまでの科学調査の知見の上に成り立っていることは間違いないです。

実際、『Science』誌からも、ディープシー・チャレンジの成功を伝えるニュース記事を作成する際に「ぜひJAMSTECのこれまでの成果を踏まえておきたい」という依頼があり、バシバシ情報を提供しました。その記事の中では、日本のこれまでの先行研究がしっかりと紹介されています（Science，336巻6799号、301‐302ページ）。

ひとことで言うならば、「2012年のディープシー・チャレンジ、それはジェームズ・キャメロンの、ジェームズ・キャメロンによる、ジェームズ・キャメロンのための、壮大な自己満足」だった。うおー、かなり的を射た真実を言っちゃったかもー（筆者註：と、この原稿を書いた時点ではそう思っておりました。ところがジェームズ・キャメロンのこのディープシー・チャレンジの調査では、ものすごい大発見があったのです。2012年12月のアメリカ地球物理学連合秋期大会で発表された、マリアナ海溝の最深部に蛇紋岩体を発見したというニュースは、JAMSTECの今後の研究にも大きな影響を与えかねないインパクトがありました。キャメロン大先生すみません）。

その2

「しんかい6500」、世界一から陥落

「けっ、負け惜しみヤローが！」と言われれば、その通りです。JAMSTECがトリエステ号以来の有人潜水調査に成功していれば良かったのに……、と多くのJAMSTEC職員は心の中で思っているでしょう。

実際「しんかい11000（仮）」のブループリントがこれまで作られてこなかったわけではありません。このディープシー・チャレンジ成功のニュースのあと、JAMSTECでは、プレジデントによる「しんかい12000（仮）」（なぜか1000m増えてるんですけど……）の建造に向けた「あしたのためにその（一）」が高らかに、そして何度も宣言されています。

たしかに、水深1万1000mに潜航できる科学調査用有人潜水艇を造ることは、未踏の技術領域への挑戦という面で重要であると言えます。ジェームズ・キャメロンもディープシー・チャレンジのビデオドキュメントの中で、その重要性を強調しています。また、そこにかける技術者たちの想いは、同じ未踏領域に挑む人間として大いに共感・理解できます。

しかしプロのサイエンティストとして、客観的に冷徹に科学調査用有人潜水艇を造るプロジェクトを俯瞰してみた場合、「必要とされるお金、時間、労力に値するほどの画期的な科学価値」をすぐに想像することができないことに気がつきます。

もちろん、画期的な科学価値が将来に至るまでずっと見つからないことを意味するわけではありません。今後の研究成果により、どのような進展があるか、誰にもわからないからです（筆者註：とこの原稿を書いたときにこう予想した通り、ジェームズ・キャメロンのディープシー・チャレンジの調査はまさしく、プロの研究者による有人潜水艇でのマリアナ海溝の調査に値する画期的な科学価値を持つ可能性を示したのです。と、ひとつの発見を境に手のひらを返す研究者のご都合主義を晒したった）。

ただ現時点でハッキリ言えるのは、1万1000m潜航可能な有人潜水艇の必要性は明示できないけれど、有人・無人を問わず世界中の海のすべての場所を調査できる機器はいますぐにでも必要だということです。

2003年5月にJAMSTECの初代かいこう（1万1000mまで潜航できた無人潜水艇）が行方不明になって以来、日本には（世界にも）水深

7000mより深い海を「バッチこーい!」と調査・観察・研究できる機器がありません。その弱点が、東北地方太平洋沖地震の発生以後に行われた様々な海溝研究科学調査において顕わになりました。有人・無人にかかわらず、全海洋を網羅できる科学調査潜水艇がいますぐ必要なのだ! とワタクシは断言します。

ちなみに、5大洋最深部海底潜水計画という、7大陸最高峰登頂みたいなスケールの大きな冒険が、2011年4月8日に、なぜか航空会社のヴァージン・アトランティックから発表されています。

ヴァージングループの会長であるリチャード・ブランソンがぶち上げた、「新型有人潜水艇で世界中の最深部を潜りまくるぜ」という「神様、仏様、超セレブ(オレ)様」感満載の「ヴァージン・オーシャニックプロジェクト」です。

こちらはまだ「絵に描いた餅」状態のようですが、その計画の概要を示したCGビデオをYouTubeで見ることができます。また、プロジェクトのホームページを見ると、最近、実際の潜水艇のテストを始めたようです。

▶http://www.virginoceanic.com/

JAMSTECの技術者・研究者のあいだでは、モアイ風のディープシー・チャレンジャー号よりも、この近未来SFチックな「ヴァージン・オーシャンアロー号」（ＪＲ西日本風のテキトーな仮名です）のほうがはるかに男心をくすぐると評判です。「ヴァージンという言霊が、やっぱり男のロマ……いやはや、なんとも、グフフフ」ということではなくて、たしかに「うおお、カッチョエェー」と言いたくなる潜水艇の外観デザインです。

しかもそのコックピットは強化ガラス製のようです。これは眺めが良さそうで、「いいね！」です。ただし、ガラス球は圧力耐性スペック的には問題ないとされていますが、普通に考えるとやはり衝撃に脆《もろ》そうなので、たとえ「乗せてやる」と言われたとしても、ワタクシもさすがにちょっと……遠慮したい気がします。が、様々な技術的興味やプロジェクト自体のロマンやリスクを考えると、「やっぱりＶ・ＯのほうがＤ・Ｃよりはるかに冒険だよね」と週刊ジツワ的覆面イニシャルトークでＮ・Ｇの目をごまかしてつい書きたくなってしまいます。

続いて、もうひとつの例をご紹介しましょう。２０１２年6月27日、中国の有人潜水調査船「蛟龍号」が太平洋のマリアナ海溝で水深７０６２ｍの潜航に成功し、科学調査のための有人潜水調査艇による最大潜航深度の世界記録を更新したというニュースが流れました。

簡単に言うと、これまで科学調査のための有人潜水調査艇（一発勝負の冒険的調査ではなく、定常的に行われる科学調査のための潜水艇）の持つ世界記録は「しんかい６５００」の６５２７ｍだったのですが、それが蛟龍号によって更新されたということです。

つまり「中国（の有人潜水艇の記録）が日本（の有人潜水艇の記録）を上回った」と。カッコ内を外せば、大本営的な記事があっという間に完成。

このニュースに関しては、ワタクシは2つの考え方を持っています。ひとつは、あえて大本営的な解釈が必要だということです。それで多くのステークホルダーたちのお尻に火がついてくれれば儲けモノだからです。

そもそもしんかい６５００の建造を決定したとき、第2世代有人潜水艇（トリエステ号とかアルシメード号が第1世代）の開発において最も後発国だった日本は、紛れもなく「世界一」の名を取りに行くことを狙っていたはずです。

今回しんかい６５００の記録が５００ｍほど更新されたことに対して、「たかが５００ｍが！」のようなナベツネ的セリフを吐いて気を紛らわせることはできますが、それは１９８９年にアメリカ、ロシア、フランスの関係者が日本のしんかい６５００に対して吐いたセリフと同じでしょう。ずばりそうでしょう。

それでもしんかい6500が名声を獲得できたのは、その達成数値だけではなく他の理由もあったのです。

1989年の記録達成から20年以上の長きにわたって、しんかい6500は大きな事故やトラブルを起こすことなく、極めて安全に運航を続けてきました。科学調査の世界的な傾向として有人潜水艇の稼働率がドンドン減っていく中で、日本だけがより熱心にしんかい6500を稼働し、技術面・運用面での改良を加えながら、簡単に対費用効果を数値化できない「有人潜水艇によってのみ実現しうるプライスレスな科学成果と社会還元」を、なんのかんの言いながらも発信し続けてきたこと。

そのブレない（ホントは結構ブレそうになっていたけど）確固たる意思に対する有形無形の称賛・尊敬を得た上で初めて、その象徴としての世界記録が世界に認められたのだと思うのです。

というわけでここはまず潔く、「世界一、はい消えた！」と認めてしまいましょう。

ただし、中国の科学調査用有人潜水調査艇の技術的側面からの評価として、「ロシアの現行技術の輸入に過ぎず、技術的挑戦といったモノがほとんどない」という厳しい見方があることにも触れておきます。

その3 世界一深く潜れる有人潜水艇は必要か？

じゃあワタクシたちJAMSTECは、再び世界一を取り返しに行くのか？

ワタクシは、有人潜水艇というのは、海洋科学調査における日本刀の太刀《たち》のようなものではないかと思うのです。

太刀は戦国時代までは武士にとってポピュラーな武器でしたが、やがて戦の在り方が変化し、江戸時代にはその実用性がかなり低くなっていました。それでも太刀は、武士の精神の象徴として重宝されました。また、太刀を造るのは他のどんな刀を造るよりも難しく、最高峰の技術が必要とされ、かつその技術が刀造りの基盤で在り続けたのではないでしょうか。

どういうことかと言うと、世界一深く潜れる有人潜水艇を持つということは、世界一の切れ味を誇る業物《わざもの》を持つことに喩えられるのではないかと。その所有者には実用性だけでなく、最高のものを所有しているという精神的な利益も与えられるでしょう。さらに最高の技術が磨かれ、伝承され、その営みはひとつの文化を創り上げる可能性もあります。

それゆえに所有者が望むならば、つまり国民やその代表である為政者がコストをかけることを厭《いと》わないならば、ワタクシは世界一深く潜れる性能を追求するべきだと。いや、「もっと熱くなれよ！　熱い血燃やしてけよ！　一番になるって言ったよな？　世界一になるっつったよな！　ぬるま湯なんかつかってんじゃねぇよ！」と100％修造化することを誓います。

ただ、別の考え方もあります。

世界一深く潜れるということは、世界一の性能・機能を持っていることと同義ではないということです。うん、違う。切れ味が武器としての性能のひとつに過ぎないように、深く潜れることは科学調査のための有人潜水艇の性能のひとつに過ぎないのです。

戦が変貌していく中で、太刀がその実用性を低下させていったように、限られた時間と金銭的・人的資源で多面的な調査を行うことを必要とされるいまの先端深海科学研究において、制約の多い有人潜水艇の実用性が相対的に低下していることは間違いありません。

このように大きく変容する科学調査において、その利点を有効に生かし、成果に結びつけることのできる有人潜水艇を造ることこそが、本当の意味での世界一を目指すことではないかとワタクシは思うのです。

オトシドコロがまったく見えない暗闇をゾンビのように徘徊していたワタクシですが、ようやく光《オチ》が見えてきました。

では、有人潜水艇の持つ利点とは一体何なのでしょう?

研究者が暗黒の深海に潜航して得られるアドバンテージは、大きく言って2つあると思います。

最も大きなアドバンテージは、実際に深海を訪れることで、一見直接的に関わり合っていないように見える、次元や階層が異なる多様なメタ情報の断片を、視覚を中心とした感覚によって瞬間的に結びつけて、まるっと脳内に収めてしまうことができることです。これはかなり主観的な感知認識能力、ジョジョ的に言えばスタンド能力、の賜物ではないかと思うのです。

そしてもうひとつは、潜航という経験を通して「やっぱり、インスピレーションなんや！　ナマのリアルの衝撃なんや！」と、研究者自身のモチベーションを激しく自己増幅できるという点もバカにできないでしょう（笑）。

こういうアドバンテージは、暗黒の深海の中でも、時間的・空間的にダイナミックに変動する多次元情報が満載の環境——例えばワタクシの大好きな深海熱水域——で特に強く発揮されます。しかし超深海の海溝域には、そういうダイナミックな環境はむしろ少なく、しずしずはんなりしたサイレントな環境が大部分を占めていると考えられます（筆者註：ところが、ジェームズ・キャメロンのディープシー・チャレンジの調査は、この超深海海溝域の従来のイメージを大きく覆したのです。マリアナ海溝の一番深い谷底で強大な蛇紋岩岩体が発見されました。まだ論文になっていないので詳細は分かりませんが、この発見により、超深海海溝域、特にマリアナ海溝は深海熱水に匹敵するほどの超ダイナミックな環境であるという可能性が出てきたのです）。

そのような意味で、世界一深く潜れるという能力が画期的科学成果に直結する、とはにわかに断言できないのです（筆者註：もう、この文章撤回したいっす）。

闇雲に世界一深く潜れることを追求するのではなくて、このように有人潜水艇の持つアドバンテージを成果に結びつけるために必要な機能や性能とは何でしょうか？
そのヒントが、２０１２年６月３日〜20日にＪＡＭＳＴＥＣの深海調査研究の一環として行われた（どうやらあのＮＨＫのダイオウイカの番組も関連しているらしい）海洋調査に潜り込んだワタクシの同僚たちのタレコミから得られました。海洋調査船「アルシア」と３台（！）の有人潜水艇を用いたスペクタクルな航海だったそうです。

まず、調査船アルシアについてですが、この船はもともとフランス国立海洋研究所（ＩＦＲＥＭＥＲ）という日本のＪＡＭＳＴＥＣにあたる機関で造られた海洋調査船で、「サイアナ」という有人潜水艇の母船でした。その後、ＩＦＲＥＭＥＲを退役し、アメリカの民間海洋調査会社に売却されました。そして昨年、あのヴァージングループ会長すら凌ぐ超セレブがオーナーになったらしく、その意向かどうかはわかりませんが、水深１０００ｍクラスの３台の有人潜水艇を内蔵する超豪華海洋調査・レジャー船として、その筋ではかなり有名な船になりました。グーグル調査をすれば３台のカッチョエェ潜水艇の写真が引っかかってきます。

個人的には、「視野の広いコックピットを持つ有人潜水艇での深海旅行こそ、究極のレジャーよ、そらそうよ！」と断言できます。もしワタクシが大金持ちなら、宇宙よりもぜったい深海旅行を選ぶと思います。自分で操縦して好きな海底を思いっきり探索できるんです。想像しただけでも鼻血出そう。

ましてや水深1000mまで潜れるなら、「日本近海で最高のスペクタクル深海空間と言えば、いまなら間違いなく、ちきゅう掘削後の沖縄伊平屋北熱水フィールドよ、そういうもんやろ！」と。

超お金持ちのみなさん。最高の深海旅行を、当代最高の深海ガイドがプレゼントフォーユーです！　ア・ハンドレッドパーセント・ギャランティィです！　コールナウです！　ハァハァハァ。

そうなんです。アルシアの海洋調査では、有人潜水艇を最大3台併用できる（らしい）んです。視野がとても広い（らしい）んです。潜水艇内空間がとても快適（らしい）なんです。

ここに、画期的科学成果に結びつくと同時に、これからの深海研究調査の在り方を変える可能性を秘めた、「世界一を目指す方向性」があると思います。

技術開発というとこれまでは、潜水艇の技術的・性能的スペックのみを追求していた傾向があったのではないかと思います。それは「うおお、ワシらが世界最高性能のマシンを造るんじゃあ」的な男汁溢れる技術者たちが団結して、世界一のナニカを目指すイメージです。

ワタクシ、決してそのノリが嫌いではありません。

しかし、サッカーにおいて世界最高の選手がひとりいるだけでは勝てないトータルフットボール全盛の時代であるように、海洋研究開発も、トータル海洋研究調査の時代に突入したと思います。

FCバルセロナのように、トップクラスの能力を持った選手を抱えるだけでなくそれぞれの選手が互いに連動し、チームとしての機能が世界一である必要があるのです（筆者註：バイエルン・ミュンヘンが世界一になったいま、これは撤回せねば）。勝利を得るためのその機能こそが、世界のモードを牽引するのです。

例えば、超深海を探査する際に、水深1万1000m級の無人潜水機を持っていれば（現在日本はコレすら持っていない）、必ずしも有人潜水艇が同じ深度性能を持つ必要はないでしょう。むしろ、「広い視野を確保し」、「複数の研究者を深海へ導くことができ」、「調査時間やオペレーションに柔軟に対応し」、「快適な潜水調査環境を持ち」、「水深6000m級や水深2000m級まで潜れる」、複数の有人潜水艇を無人機や自律型潜水ロボットとともに展開できる世界初のトータル海洋研究調査の実現を目指すほうが、はるかに革命的だと思います。

ワタクシは、人が暗黒の深海に自ら行って研究調査を行う2大アドバンテージとして、メタ情報感知能力と感動増幅効果の2点を挙げました。視野の広い快適な空間を持つ複数の有人潜水艇によるトータル海洋研究調査は、そのメタ情報感知能力と感動増幅効果を飛躍的に高めることができ、その相乗効果によって、必ず画期的科学成果が生まれるに違いないと確信します。

そして、有人潜水機会の増加とそれによって得られた科学成果のインパクトによって、より多くの研究者や技術者、将来国を担う子どもたち、そしてその所有者たる国民や為政者たちに、暗黒の深海の美しさや驚異を体感してもらい、「これはまさにスタンド能力!」と知ってもらうチャンスがあることを願っています。

最後にもう一度、ディープシー・チャレンジのジェームズ・キャメロンのセリフを引用します。

「何をするかだけじゃなく、誰も見たことのない景色や経験や感動を多くの人に知ってもらうことが必要なんだ」

今度は茶化しません。有人潜水艇を持つ最も重要な意味とは、人が自ら暗黒の深海に潜り、感動を得る手段を持つことです。そして、そこで得られる感動をひとりでも多くの人に感じてもらえるように、その灯を絶やさぬ努力を続けていくことこそ、ワタクシたち、海洋研究開発に関わる人間が目指すべき方向だと思います。

（特別番外編・おわり）

あとがき

この本を手に取られた多くの方はご存知ないと思いますが、この私の研究者としての青春を綴った文章は、「Ｗｅｂナショジオ」という、『ナショナル ジオグラフィック日本版』のＷｅｂマガジンで２０１１年5月から２０１３年4月まで足掛け2年、隔週で連載していた内容を再構成・編集・加筆したモノです。

あとがきに代えて、この連載、そしてこの本が、生まれるちょっとしたキッカケについて紹介させていただきたいと思います。

私は、２０１１年の1月に『生命はなぜ生まれたのか――地球生物の起源の謎に迫る』（幻冬舎新書）という本を出版しました。その本は、第6話で紹介した「約40億年前の深海熱水で生命が誕生したストーリー」についての研究の背景やその成果を、いわゆる一般向け科学的解説（とはいうものの、内容はともかくとして文章のノリがウザいとお叱りを受けることも多いのですが）として紹介する内容になっています。

ＪＡＭＳＴＥＣのホームページでしてきた研究紹介や航海レポートのようないわゆるアウトリーチ活動を除けば、それまで科学論文や科学総説のような研究業界的カキモノ以外をしてこなかった私にとって、一般向けの本を書くことはとてもへビーなミッションでした。本を出版したあとしばらく、ヨレヨレになりながらもなんとか完遂したという虚脱感と「もうこんな仕事はやらん！」という膨満感に苛まれていました。

そんな折、『ナショナル ジオグラフィック日本版』の編集をされている芳尾太郎さんという、一見紳士風のトーキョーナイズされた大阪人（バブル世代）が、「タカイさん。キミの文章なかなか気に入った。ウチで連載してほしいので、とりあえず話だけでも聞いてよ。ね。一度だけでイイから。まっ、とりあえず」、と大阪人特有のインサイドワークを駆使してメールを送りつけてきたのでした。

強引に頼まれると「ＮＯと言えない日本人」の典型である私は、ズルズルと新橋の安っぽい居酒屋に連れ込まれ、芳尾さんの醸し出す「ハンコを押すまで帰れへんで！」的雰囲気を敏感に感じ取ってしまい、つい「ええ、まあ、じゃあ、なんとなく」みたいなナマ返事をしてしまったのです。

ただそのときになけなしの条件として提案したことは、「研究者の青春譚みたいなモノだったら書いてみてもいいかな」ということでした。実は『生命はなぜ生まれたのか――

地球生物の起源の謎に迫る』では、私や共同研究者たちの研究内容についてはかなり思うがまま書くことができたのですが、そういう研究の舞台裏にある研究者の情熱や感性の形成過程や、人間関係やキャリアパスにおける感情や思考の起伏みたいな人間的な部分については あまり触れることができませんでした。「同じ世代の若者となんら変わることのない若き研究者の青春の日々や胸の内を、ぜひ広く一般の人にも知ってほしいな」。そんな想いが喉に刺さった小骨のように、私の中に引っかかっていたのも事実だったのです。

そんなわけで優柔不断に始まった連載だったのですが、すぐに巨大な後悔の念に襲われました。連載というモノが、毎回締め切りという胃の痛くなるような恐ろしいプレッシャーとの闘いであることに気づいたのです。完全に舐めてました。大学の大先生の中には、ヘーゼンと「締め切りとは破るためにあるのだ!」とか宣《のたま》う方がいますが、私からすれば、そんな恐ろしいことが言えるなんて、よっぽど社会と隔絶された象牙の塔に生きる時代錯誤的な「裸の王様」か、心臓にゴエモンコシオリエビのようなバクテリアつき剛毛の生えまくった異次元空間の住人としか思えません。

連載中、私は何度も挫けそうになって、「芳尾さん。もう勘弁して下さい。ボクには無理です」と弱音を吐いたメールを送りましたが、芳尾さんからはいつも「ボクにはこの連載を最終的に本にしたいという野望があるのです。そのためにも、あと○万字、×回だけがんばってくださ い。それまでぜったい逃がさへんで⁉」という励ましと脅しが入り交じったメールが返ってくるのでした。

この本に収録されている第3話と第7話は、連載を引き受けたときからボクが「ぜひ書きたい」と思っていたシーンやエピソードが中心です。なので、第3話や第7話を書いているときは比較的楽しむことができましたが、その他の部分については、つながりの部分やタイムリーなトピックをどう組み込むかにかなり苦しんだ記憶が走馬灯のように……。

そのたびに、私は萎えかけたココロを奮い立たせて書きました。芳尾さんの野望＝書籍化を目指すのならちゃんと完走しなくては！　私の中の鈴木啓示が「投げたらアカン」（ACジャパンのコマーシャルの流行語大賞となった名言。そのCMで「人生、投げたらアカン」と語りかけていた、いまは消滅した近鉄バファローズの鈴木啓示投手が皮肉にも現役生活をシーズン途中で投げることとなった1985年の悲劇！）と何度も耳元でささやくのでした。

そして連載もエンディングが視野に入ってくるようになったころ、私は苦しんでいたことなどすっかり忘れて、急に態度を肥大化させて「芳尾クン。そういえば書籍化の話ってどうなっとるのかね？」と芳尾さんを問いつめるようになりました。

今度は芳尾さんが、「ええ、まあ、なんとなく、それとなく、何もなく」というナマ返事を返す番でした。

私は「これは書籍化ないかも」と覚悟しました。別に芳尾さんを責める気持ちはなかったのですが（微塵もない、というわけではなく、いまでもネチネチとイヤミを投げつけています）、ただただ「書籍化するなら途中で投げ出すわけにはいかない」というがんばりが報われずとても残念に思っていました。

ちょうどそのころ、私は、結果的にこの本の編集をしてもらうことになったイースト・プレスの田中祥子さんからメールをいただいたのでした。

私と田中さんのつながりは、２００８年に遡ります。当時田中さんはリトルモアから刊行されていた『真夜中』というかなり濃い文芸オタク雑誌の編集をされていて、そこで私は「科学者からの手紙」という寄稿記事を書かせていただいたのでした。そのとき、田中さんにいただいた直筆の手紙がとても心温まるモノで、その手紙の所為で、私は田中祥子推しになってしまったのです。

私の琴線に触れる「高校時代」「誰もいない夕暮れの教室」「セーラー服とポニーテールのオンナノコ」「微妙な男子と女子の距離感」。うしろの３つのキーワードは完全に私のモーソーでほとんど田中さんの手紙の内容と関係なかったような気もしますが、とにかくそういう高校時代のほっこりエピソードを添えた田中さんのお手紙作戦の術中に私は見事嵌《は》まってしまったのです。

2012年のJAXA宇宙科学研究所の一般公開の講演会で、そんな田中さんと4年ぶりに再会し、それがキッカケで田中さんからメールをいただいたのでした。

田中さんは、高校時代の心温まるほっこりエピソードを添えたお手紙作戦を展開していたアノころと違い、芳尾さんと同じように「タカイさん。ウチで本書きませんか？ とりあえず話だけでも。ね。一度だけでイイから。とりあえず」とインサイドワークを駆使する立派な編集ウーマンになっておられました。

私もさすがにさんざん痛い目に遭い、「NOと言えるタカイ」になっていたので、「本なんて無理！」とにべもなくお断りしたのですが、「なんなら（漂流教室中の）Webナショジオの連載を書籍化できませんかね？」と冗談っぽく言ったら、田中さんがガブリと食いついてくれたのでした。そして「もし『ナショナル ジオグラフィック日本版』の発行元である日経ナショナル ジオグラフィック社さんが本にしないのならぜひウチでやらせて下さい」とまで言ってくれました。

そして2013年3月にタカイ、芳尾、田中の3者面談が行われ、席上「ノーモア・ナショジオ」があらためて報告されるやいなやわずか3秒ぐらいで、田中さんが「イースト・プレスではもう企画通ってるんで！」という侠気を見せつけ、この本が発行されるという幸運が舞い降りました。

すでに述べたように、その道中ではとても苦しみましたが、この本は、初めて私が書きたいと思ったことをホントに自由に書かせてもらったモノです。そして書かせてもらったことをＷｅｂでの連載だけでなく、こうしてもっと多くの人に読んでもらえる本としてこの世に送り出せたことは、この上ないシアワセだと私は感じています。『ナショナル ジオグラフィック日本版』ウェブ編集長の芳尾太郎さん。イースト・プレス「マトグロッソ」編集部の田中祥子さん。2人の編集者に深く感謝します。そして何よりも私の青春を彩り綴ってくれた、いつも情熱と勇気と元気を分け与えてくれた、この本の登場人物全員に、大きな声でありがとうございましたと伝えたいです。

最後に、第3話で紹介した映画『フォレスト・ガンプ』のガンプの母親の言葉「人生はチョコレートの箱、開けてみるまでわからない」をもう一度。

ボクたちにはみんな、定められた運命があるのだろうか？　それとも風に乗って舞う白い鳥の羽のようにただただよっているだけなのだろうか？

フォレスト・ガンプは、たぶん２つ同時に起こっていると答える。
この本が生まれたのもそんなつながりのおかげのような気がします。

２０１３年５月末日　高井研

初出

『青春を深海に賭けて』
「Ｗｅｂナショジオ http://nationalgeographic.jp/nng/web」（運営：日経ナショナル ジオグラフィック社）
２０１１年５月27日～２０１３年４月11日

単行本化にあたり、大幅な加筆・修正を加えました。

微生物《びせいぶつ》ハンター、深海《しんかい》を行《ゆ》く
2013年7月13日　第1刷発行
2015年7月21日　第4刷発行

著者　高井《たかい》 研《けん》

装丁　漆原悠一（tento）
写真　神藤 剛（カバー／帯／P7・41・81・121・149・177・213・281）
編集協力　芳尾太郎（日経ナショナル ジオグラフィック社）
本文DTP　松井和彌
営業　明田陽子
編集　田中祥子
発行人　堅田浩二
発行所　株式会社イースト・プレス
〒101-0051
東京都千代田区神田神保町2-4-7 久月神田ビル8F
TEL 03-5213-4700 FAX 03-5213-4701
http://www.eastpress.co.jp/

印刷所　中央精版印刷株式会社

ISBN978-4-7816-1006-1 C0095